U0251229

甘 肃 强 对 流

黄玉霞　刘新伟　傅　朝　
杨晓军　刘维成　孔祥伟　等 编著

气象出版社
China Meteorological Press

内容简介

强对流天气是现代天气预报业务的关注重点和难点问题之一，也是甘肃省主要的灾害性天气之一。本书系统总结了近年来甘肃省强对流天气特征及预报技术的研究成果，涵盖三个方面内容：首先，系统分析了甘肃省强对流活动的时空分布及变化等基本特征；其次，总结了甘肃省强对流天气的大尺度环流和中尺度环境条件概念模型，详述了不同类型强对流天气的大气层结特征；最后，全面介绍了甘肃省强对流天气预报技术方法，包括非常规观测资料在强对流天气临近预警中的应用、基于配料法的欧洲中期数值天气预报中心集合强对流概率预报技术、典型强对流天气个例分析等。

本书可供从事强对流天气监测预报业务人员、相关科研人员参考。

图书在版编目（CIP）数据

甘肃强对流 / 黄玉霞等编著. -- 北京 ： 气象出版社，2022.3
ISBN 978-7-5029-7657-6

Ⅰ．①甘… Ⅱ．①黄… Ⅲ. ①强对流天气－天气分析－甘肃 Ⅳ. ①P425.8

中国版本图书馆CIP数据核字(2022)第018207号

甘肃强对流
Gansu Qiangduiliu

出版发行：气象出版社
地　　址：北京市海淀区中关村南大街 46 号　　　　邮政编码：100081
电　　话：010-68407112（总编室）　010-68408042（发行部）
网　　址：http://www.qxcbs.com　　　　**E-mail**： qxcbs@cma.gov.cn
责任编辑：陈　红　　　　　　　　　　　　　　　终　审：吴晓鹏
责任校对：张硕杰　　　　　　　　　　　　　　　责任技编：赵相宁
封面设计：博雅锦
印　　刷：北京建宏印刷有限公司
开　　本：787 mm×1092 mm　1/16　　　　　　　印　张：9.5
字　　数：243 千字
版　　次：2022 年 3 月第 1 版　　　　　　　　　印　次：2022 年 3 月第 1 次印刷
定　　价：95.00 元

《甘肃强对流》
编委会

强对流天气是现代天气预报的难点问题之一。随着数值天气预报和资料同化技术的快速发展,以此为基础的现代天气预报技术取得了很大的突破,天气预报的可用时效和气象要素预报的精细化水平有了迅猛的提升,这些都为开展更高水平的精细化气象预报服务提供了有效支撑。然而,数值预报系统对以突发性、局地性为主要特征的强对流活动的预报能力仍有待进一步提高,特别是强对流活动的较难准确预测性已经成为国内外从事气象预测和科学研究专家、学者的共识,尤其是不同气候交汇区和复杂地形区的强对流活动预报能力更具挑战性。

强对流天气是甘肃省主要的灾害性天气之一,是导致泥石流、山洪、中小河流洪水等灾害的主要原因之一,每年强对流天气及其衍生的灾害对甘肃省的国民经济和人民生命财产造成的损失都很大。据统计,仅 21 世纪以来,甘肃省因强对流天气及其次生灾害共造成农作物受灾面积达 319.34 万 hm^2,直接经济损失超过 300 亿元。如 2012 年 5 月 10 日甘肃岷县地区出现局地强对流天气,并引发特大冰雹、山洪泥石流灾害,造成死亡 47 人、失踪 12 人。鉴于此,甘肃省气象局自 2017 年开始相继支持组建了"西北深厚对流监测预警关键技术创新团队"和"甘肃对流性暴雨预报预警关键技术创新团队"(以下统称为甘肃省气象局创新团队),针对甘肃省乃至西北地区强对流天气观测特征和预报技术进行系统性研究。经过几年的努力,团队取得较为丰硕的研究成果,有效地促进了甘肃省强对流天气预报技术的发展,如 24 h 短时强降水和冰雹预报 TS 评分分别达到 0.22、0.16,强对流天气预警提前量达到 2 h,对流性暴雨预警信号平均提前量可达约 5 h 等。

本书总结了甘肃省气象局创新团队关于强对流天气特征及预报技术的阶段性研究成果,全书共分为 5 章。其中,第 1 章为甘肃省强对流天气概述,由黄玉霞、刘新伟、刘维成、谭丹、王基鑫等编写;第 2 章为甘肃省强对流天气大尺度环流和中尺度环境条件概念模型,由黄玉霞、杨晓军、李文莉、伏晶等编写;第 3 章为非常规观测资料在甘肃省强对流天气临近预警中的应用,由刘维成、魏栋、肖玮、叶培龙、李晨蕊等编写;第 4 章为甘肃省典型强对流天气过程分析,由杨晓军、傅朝、孔祥伟、李文莉、叶培龙、秦豪君等编写;第 5 章为甘肃省强对流天气监测预警预报技术,由黄武斌、王勇、段伯隆等编写。全书由黄玉霞多次修改后最终定稿,徐丽丽、吴晶等绘制和修改了全书的图片。

本书的出版得到国家自然科学基金（41505036）、中国气象局气象高层次科技创新人才计划、中国气象局创新发展专项、甘肃省气象局创新团队（GSQXCXTD-2017-01、GSQX-CXTD-2020-01）等资助。

由于作者水平有限、时间仓促，本书难免有不足之处，敬请读者批评指正。

作者

2021 年 9 月 10 日

目录

第1章
甘肃省强对流天气概述

　　甘肃省位于黄土高原、内蒙古高原、青藏高原三大高原的交汇带,同时也受东亚季风、高原气候、西风带影响,是典型的气候变化敏感区和生态环境脆弱区。地形、地貌复杂,强对流天气分散、频发,且与地形关系密切,强度大,极易造成重大人员伤亡和财产损失。强对流天气是指伴随雷暴出现的短时强降水(雨强≥20 mm/h)、冰雹(直径≥5 mm)、阵性大风(8级以上)和龙卷。因甘肃省山地多,地势起伏大,龙卷极少发生,因此,本书中强对流天气是指除龙卷外的其余三类。

1.1　甘肃省自然地理概况[1-2]

1.1.1　位置境域

　　甘肃省位于我国大陆部分的地理中心,介于 $32°11'\sim42°57'$N、$92°13'\sim108°46'$E,东接陕西,南邻四川,西连青海、新疆,北靠内蒙古、宁夏并与蒙古国接壤;地处黄土高原、内蒙古高原和青藏高原的交汇地带,同时又位于综合自然区划中的东部季风区、西北干旱区和青藏高原区三大自然区交汇处,分属长江、黄河和内陆河三大流域,是中华民族古文化的发祥地;位居西北五省(区)的中部,是西北五省(区)交通运输的中枢,它既是古代"丝绸之路"的必经之地,又是当今"东亚大陆桥"的交通要塞。

1.1.2　地形地貌

　　甘肃省地形狭长,地貌复杂,山脉纵横交错,海拔(海拔高度的简称)相差悬殊,高山、盆地、平川、沙漠和戈壁等兼而有之,最主要的山脉首推祁连山、六盘山,是山地型高原地貌。地势自西南向东北倾斜,地形狭长,东西长 1655 km,南北宽 530 km,大致可分为各具特色的六大区域。

　　北山中山区:位于河西走廊平原以北,西端楔入罗布泊洼地,东端延伸至弱水西岸,北抵中蒙边界,南接疏勒河下游谷地,海拔一般为 1500～2500 m。

　　河西走廊平原区:位于祁连山以北,北山以南,东起乌鞘岭,西至甘新交界,为一自东向西、由南而北倾斜的狭长地带。海拔在 1000～3200 m,长约 900 km。地势平坦,机耕条件好,光热充足,水资源丰富,是著名的戈壁绿洲,是国家重要的商品粮基地。

　　祁连高山区:祁连山在河西走廊以南,长达 1000 km,大部分海拔在 3500 m 以上,终年积雪,冰川逶迤,是河西走廊的天然固体水库,植被垂直分布明显。祁连山西段疏勒南山主峰团结峰海拔 5808 m,是整个山系最高峰,也是甘肃省最高峰。

　　黄土高原丘陵区:位于甘肃省中部和东部,东起甘陕交界,西至乌鞘岭畔,黄河从这里穿过,造就了多少天险飞渡、雄关要塞、峪口大峡,以塬、梁、峁及沟壑为主,蕴含丰富的石油、煤炭资源。海拔 1200～2200 m。

　　甘南高原区:是"世界屋脊"——青藏高原东部边缘一隅,地势高耸,平均海拔超过 3200 m,是典型的高原区。这里草滩宽广,水草丰美,牛肥马壮,是甘肃省主要畜牧业基地之一。

　　陇南中低山区:位于渭河以南,临潭、迭部一线以东地区,东、南两方分别与陕西、四川省接壤,西邻甘南高原,北邻黄土高原,为秦岭的西延部分,海拔 800～3500 m。山地和丘陵西高东低,绿山对峙,溪流急荡,峰锐坡陡,恰似江南风光,又呈五岭逶迤。

1.2　甘肃省暖季对流活动气候学特征

卫星可以监测到雷达和地面观测无法覆盖到的区域,从而获得较为连续的强对流系统分布特征。Maddox 提出的使用－32 ℃与－52 ℃红外黑体亮度温度(简称 TBB)标识的区域范围及形状等来识别中尺度对流复合体(MCC,mesoscale convective complex)[3],Augstine 等、Jirak 等又提出只使用－52 ℃ TBB 来识别中尺度对流系统(MCS,mesoscale convective systems)[4-5]。利用近 10 年风云 2 号卫星观测资料,以每个格点 TBB≤－32 ℃识别暖季(5—9月)的对流系统,以每个格点 TBB≤－52 ℃识别暖季的深对流系统,较全面地展示甘肃省暖季对流系统的时空分布。

以－32 ℃为阈值,统计 2010—2019 年 5—9 月甘肃省暖季对流系统发生频率,结果如图1.1a 所示。从图 1.1a 对流系统发生频率分布可以明显地看出,甘肃省甘岷山区对流活动相对活跃,河西地区对流活动没有河东地区活跃。以－52 ℃为阈值,统计 2010—2019 年 5—9月系统发生频率,结果如图 1.1c 所示。从图 1.1c 深对流系统发生频率分布可以看到,与甘肃省对流活动分布特征基本一致,甘岷山区深对流活动相对其他地区仍较为活跃,祁连山区深对流活动相对河西地区的其他地区更为活跃。不同年份的对流发生频率存在差异。某些年份对流发生频率偏高,而某些年份对流发生频率低,因此,在研究气候态的对流特征时,不仅要考虑对流发生的频率大小,还应该考虑对流活动的年际差异,即年际变率。利用逐年对流(深对流)

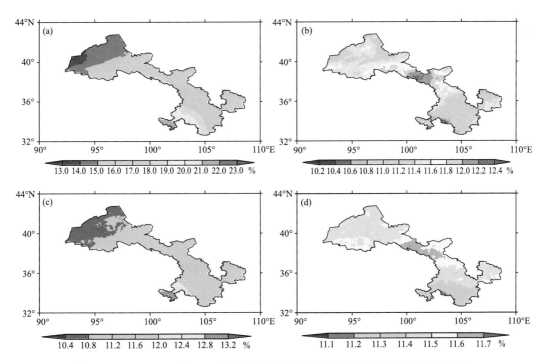

图 1.1　2010—2019 年 5—9 月对流活动发生频率(a),对流发生频率标准差(b),
深对流活动发生频率(c)和深对流发生频率标准差(d)

发生频率的标准差来表征气候态对流(强对流)发生频率的年际变率强度。图 1.1b,c 分别给出了对流活动和深对流的发生频率的标准差。可以看到河西地区对流(深对流)活动年际变率较大,年际对流活动分布极不均匀,生态相对脆弱,容易引发次生灾害。

图 1.2 表明,甘肃省对流活动分布具有明显的月际变化特点。5 月显示对流活动较多,可能与高纬度西风带卷云有关,实际对流活动频率并没有如此高。6 月随着西风带季节性北移和亚洲夏季风暴发,甘肃省高原边坡地区对流活动开始活跃。7 月,随着东亚夏季风进一步加强,西南风向内陆输送暖湿气流,高原对流活动更加活跃。8 月随着亚洲夏季风减弱南撤,整体北方对流活动强度弱于 7 月。9 月在甘肃省河东地区仍有对流活动发生。

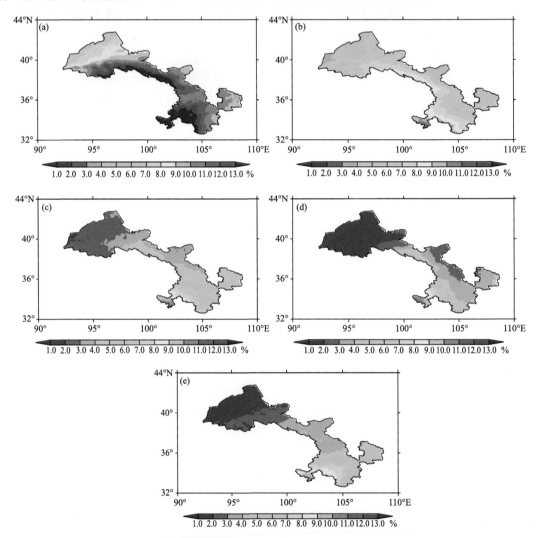

图 1.2　2010—2019 年 5—9 月逐月对流活动频率分布(a.5 月;b.6 月;c.7 月;d.8 月;e.9 月)

与统计甘肃省对流活动发生频次类似,统计了甘肃省深对流活动发生频次,结果如图 1.3 所示。对比图 1.2 和图 1.3 可以看出,深对流与对流在我国北方的发生频率在分布形态上十分相似,即深对流在这一地区总是发生在对流频繁的区域。深对流活动主要发生在 7—8 月的甘南高原,在 8 月祁连山山区也有深对流活动。

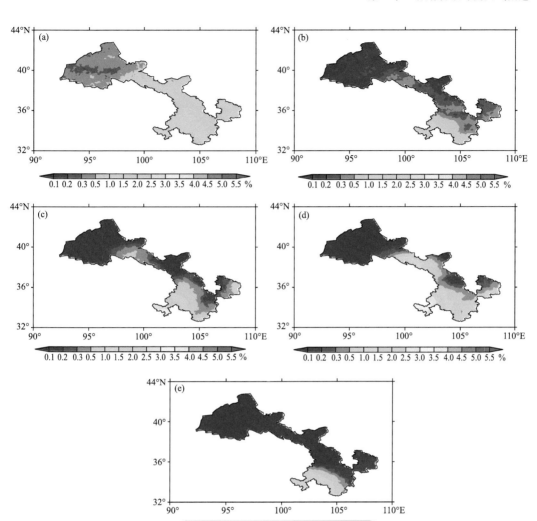

图 1.3　2010—2019 年 5—9 月逐月深对流活动频次分布(a.5 月；b.6 月；c.7 月；d.8 月；e.9 月)

　　为了对比不同区域的对流活动日变化特征异同,选取甘肃省内的 6 个具有不同代表性的区域进行分析。6 个区域如图 1.4 红色矩形区域所示,分别为甘肃西部、祁连山区、甘肃中部、甘南高原、甘肃南部和甘肃东部。

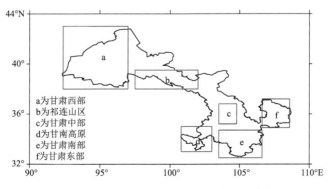

图 1.4　对流日变化特征研究区域选取分布

图 1.5 给出了 6 个区域的暖季不同月份的对流日变化。可以看出,不同地区的对流频率不同,峰值时间不同,典型峰型特征也不同,其中对流频率峰值最大的为甘南高原,峰值频率最小的是甘肃西部,整体上 6 个典型区域的对流日变化以单峰型特征为主,但甘肃中部对流日变化为双峰型特征。

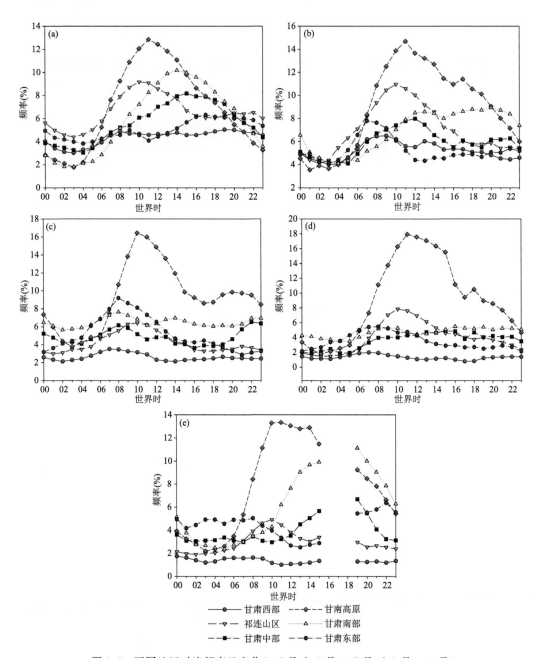

图 1.5　不同地区对流频率日变化(a. 5 月;b. 6 月;c. 7 月;d. 8 月;e. 9 月)

甘肃西部地区峰值频率相对较小,对流日变化峰值时间为 08 时(世界时,下同),祁连山区对流活动较西部地区更为活跃,对流日变化峰值出现在 10 时,均呈单峰型特征,分析认为,主要以午后热对流为主。甘肃中部对流日变化呈双峰型,主峰在 16 时,次峰在 08 时,这表明在有活跃的热对流发生之外,其他时段还有其他天气系统触发和维持的对流活动。甘南高原呈单峰型结构,对流日变化峰值时间为 10 时,有较高频率的对流发生,这表明该区域除了下午时段有活跃的热对流发生之外,其他时段还有受其他天气系统触发和维持的对流活动。甘肃南部对流日变化呈单峰型,峰值出现在 16 时,这表明该地区对流活动主要以天气系统对流活动为主。甘肃东部地区峰值出现在 08—09 时,单峰型结构,上午时段对流云频率较低,这说明该区域以午后热对流为主。从不同月份的对流活动日变化来看,不同地区在不同月份的峰值出现时间略有差别,峰值大小也有一定差异,6—8 月对流活动较为活跃,5 月由于受高纬度卷云的影响,对流频次较高,日变化基本以单峰型为主。

图 1.6 给出了 6 个区域暖季不同月份的深对流日变化。可以看出,不同地区的深对流频率不同,峰值时间不同,典型日变化特征也不同,其中峰值频率最大的为甘南高原,峰值频率最小的为甘肃西部,与对流活动日变化类似,整体上 6 个典型区域的深对流日变化以单峰型特征为主,但甘肃中部深对流日变化具有双峰型特征。从不同月份的深对流活动日变化来看,不同地区在不同月份的峰值出现时间略有差别,峰值大小也有一定差别,8 月深对流活动较为活跃,深对流频次较高,日变化特征基本以单峰型为主。值得指出的是,甘肃南部地区深对流夜发性特征明显。

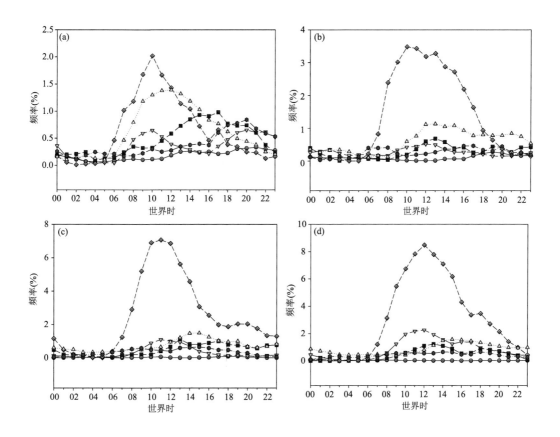

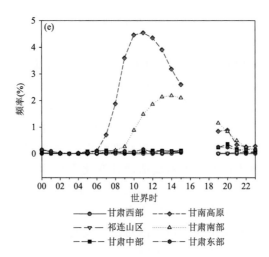

图 1.6　不同地区深对流频率日变化(a. 5 月;b. 6 月;c. 7 月;d. 8 月;e. 9 月)

1.3　甘肃省强对流天气时空分布特征

资料说明及统计标准:

短时强降水采用兰州中心气象台系统保障室提供的经过人工质量控制的甘肃省 2013—2019 年 1716 个气象站(包括基本站、基准站、一般站及考核站)逐时雨量资料。根据短时强降水业务规定,雨强≥20 mm/h 定义为短时强降水,每个站点出现≥20 mm/h 的雨量记为一个站次。

冰雹采用甘肃省气象局信息中心提供的甘肃省 81 个基准站、基本站、一般站的地面观测冰雹记录数据,数据长度金昌站(1999—2019 年)21 年,天祝站(2000—2019 年)20 年,其余站均为 1990—2019 年,共计 30 年。冰雹直径记录时间为 2005—2019 年。根据我国冰雹等级标准,按冰雹直径分为四类,即弱冰雹($d<5$ mm)、中等强度冰雹(5 mm≤$d<20$ mm)、强冰雹(20 mm≤$d<50$ mm)和特强冰雹($d≥50$ mm)。冰雹持续时间根据 81 个气象站 1990—2019 年每次降雹起讫时间的记录,统计单次降雹持续时间;站点冰雹平均持续时间为 1990—2019 年所有降雹持续时间之和除以降雹总次数。

雷暴大风资料来源分为两个部分:1990—2013 年数据资料为甘肃省气象局信息中心提供的省内 81 个基准站、基本站、一般站的地面观测雷暴、大风(8 级以上)数据;2014 年取消地面人工观测,2014—2019 年雷暴资料由闪电资料代替,选取时间为 3—10 月,标准为测站出现有大风(8 级以上),且以测站为原点的 40 km 半径内观测到有闪电活动便定义为一次雷暴大风。

本部分涉及时间均为北京时。

1.3.1　短时强降水

1.3.1.1　短时强降水空间分布特征

西北地区是我国年降水量最少的地区,以干旱少雨著称,随着区域自动气象站观测网的不断完善和气象资料的积累,逐渐认识到西北地区强对流天气也频繁发生,加之地形复杂,天气气候多样,与我国东部和南部地区差异很大。西北区夏半年主要受东亚夏季风、高原季风和西风带影响,降水大致从东南向西北递减,河西地区降水明显少于河东,强降水在河西地区发生的次数也相对较少。

由 2013—2019 年甘肃省年平均短时强降水频次分布可以看出(图 1.7),甘肃省短时强降水频次与甘肃省降水量空间分布特征一致,东南多、西北少。短时强降水高发区主要位于陇南市东南部、陇南市东北部—天水市东南部以及庆阳市东部,年均频次超过 1.4 次,其中陇南市东南部是全省范围最大的高频集中区,短时强降水年均频次在 2 次以上,最大中心位于武都裕河,达 4.1 次/a;其次是徽成盆地—天水市南部一带,年均为 1.0~2.0 次,范围内的大值中心点较分散,最大中心位于成县黄渚,达 2.4 次/a;第三大高发区位于庆阳市东部,年均为 1.0~2.0 次,最大中心位于庆城南庄,达 2.0 次/a。此外,临夏、定西、平凉等州市分散有高频次点,分别是和政城关(1.6 次/a)、通渭陇山高山(1.7 次/a)、崆峒四十里铺(1.7 次/a)、泾川田家沟(1.7 次/a)、灵台东王沟(2.4 次/a)(表 1.1)。河西地区及兰州市、白银市短时强降水出现次数极少,年均在 0.4 次以下。短时强降水的分布特征与地理位置、地形地貌、环流背景、水汽条件等紧密相关,在甘肃,地形对强降水有重要影响,特别是陇东南地区,由于海拔明显低于其他地区,尤其在陇南徽成盆地海拔还不足 1000 m,当暖湿气流北上时,迎风坡对强降水有重要的增幅作用,由于地形的抬升和阻挡使陇东南的降水频次远高于其他地区。

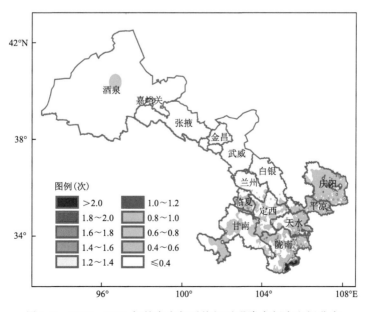

图 1.7　2013—2019 年甘肃省年平均短时强降水频次空间分布

表 1.1　甘肃省短时强降水年均频次相对较高站点分布表

地区	市州	站点	频次（次）
河西	张掖	山丹双湖	0.4
	武威	天祝华藏寺	0.4
河东	定西	通渭陇山高山	1.7
	临夏	和政城关	1.6
		康乐八丹	1.3
	甘南	夏河隆瓦林场	1.4
		玛曲	1.3
	陇南	武都裕河	4.1
		武都五马	2.7
		文县碧口	3.1
		文县中庙	2.7
		成县黄渚	2.4
		成县小川	2.3
		成县厂坝矿区	2.1
		康县阳坝	2.1
		康县迷坝	1.9
		徽县虞关	2.0
	天水	秦州李子	2.0
		麦积甘泉	2.0
		麦积石门	1.7
	平凉	灵台东王沟	2.4
		崆峒四十里铺	1.7
		庄浪南坪	1.4
	庆阳	庆城南庄	2.0
		正宁南桥	1.9
		合水肖咀	1.9

　　甘肃省短时强降水最早从 4 月开始,4—5 月强降水出现的频次低,主要集中在河东偏南地区,此时西太平洋副热带高压(以下简称副高)脊线位于低纬度,西北区的水汽条件较差且分布不均,甘肃河东地区强降水范围小且比较分散。6—8 月副高脊线北跳,降雨带北移至黄淮流域,西北地区东部雨量开始增加,尤其是 7 月和 8 月,副高西脊点到达 110°E,脊线位于 30°N附近,西北地区东部处于副高西北侧的西南暖湿气流中,给甘肃武威以东地区带来充沛的水汽,降水范围扩大,强降水发生的频次也显著增多,河东大部分地区强降水年平均次数均在0.2 次以上,其中陇东南一带部分地区年平均超过 0.4 次,局部地区超过 0.8 次。另外,一向干旱少雨的河西地区在这一时段也出现短时强降水,虽然频次较低,但说明了在夏季水汽条件满足的情况下,河西走廊干旱荒漠区也会出现短时强降水。9 月以后,副高南撤,甘肃省强降水范围和频次迅速减小,大部分地区都在 0.1 次/a 以下(图 1.8)。由此可见,除地形因素外,

甘肃省短时强降水与水汽条件关系密切,受副高的影响,高温高湿的偏南气流为河东地区带来充沛的水汽,从而导致短时强降水频发。

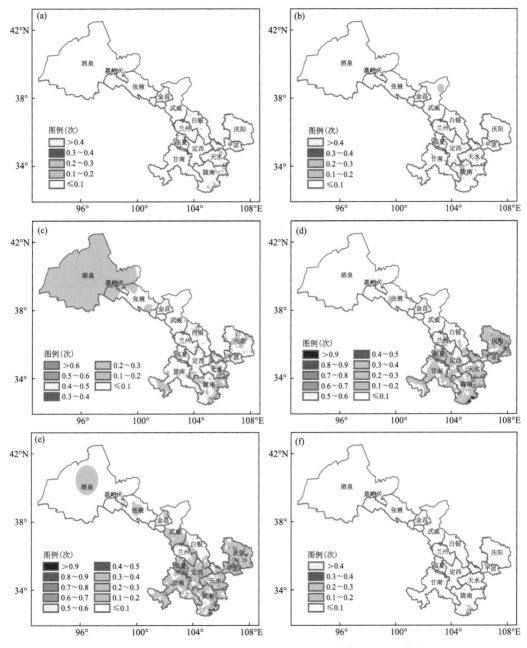

图 1.8　2013—2019 年 4—9 月甘肃省短时强降水逐月空间分布
(a. 4 月;b. 5 月;c. 6 月;d. 7 月;e. 8 月;f. 9 月)

从 1 h 最大雨强分布来看(图 1.9),2013—2019 年甘肃省最大 1 h 降水分布极其分散。河西五市及兰州、白银两市大部分地区最大雨强为 20～30 mm/h,但也出现过少数站点最大雨强超过 50 mm/h,如张掖市肃南县甘坝口 2018 年 8 月 20 日 22—23 时达 61.2 mm/h,是有区域气象站以来河西地区出现的小时最大雨强的站点。河东大部分地区的最大雨强超过 30 mm/h,其中陇南市东南部、庆阳市东部、临夏州及甘南州部分地区超过 50 mm/h。表 1.2 为 2013—2019 年期间,甘肃省短时强降水量级排名前十的站点,其中陇南市宕昌县车拉 2013 年 8 月 6 日 21—22 时出现 101.4 mm/h 的降水极值,位列第一,陇南市康县石王村 2018 年 8 月 10 日 00—01 时达 99.4 mm/h、合水县刘家庄 2019 年 7 月 21 日 22—23 时达 90.8 mm/h,分列第二、三位。

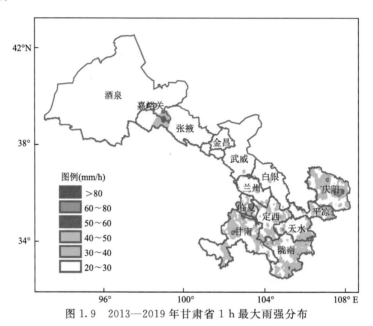

图 1.9　2013—2019 年甘肃省 1 h 最大雨强分布

表 1.2　2013—2019 年甘肃省短时强降水雨强前十站排名

排名	站点	最大小时雨强(mm/h)	出现时间
1	宕昌车拉	101.4	2013 年 8 月 6 日 21—22 时
2	康乐石王村	99.4	2018 年 8 月 10 日 00—01 时
3	合水刘家庄	90.8	2019 年 7 月 21 日 22—23 时
4	合水曹家塬	85.8	2019 年 7 月 21 日 22—23 时
5	东乡那勒寺	82.8	2018 年 7 月 18 日 20—21 时
6	灵台东王沟	82.3	2013 年 7 月 21 日 21—22 时
7	合水东关	81.8	2019 年 7 月 21 日 22—23 时
8	康乐那尼头村	81.7	2018 年 8 月 2 日 16—17 时
9	武山温泉	79.1	2016 年 8 月 24 日 21—22 时
10	合水柳沟	78.7	2019 年 7 月 21 日 22—23 时

1.3.1.2　短时强降水时间变化特征

　　甘肃省短时强降水站次年变化具有明显差异(图 1.10a),2013 年站次最多,2014 年站次最少,2014—2017 年为低谷期,2018 年后站次增加。短时强降水雨强主要集中在 20～30 mm/h,占总站次数的 79.0%,≥30 mm/h 占 18.3%,≥50 mm/h 的短时强降水很少出现,仅占2.7%。

从逐月频次可以看出(图1.10b),甘肃省短时强降水全年呈现快速增强、迅速减弱的特点。最早从4月开始发生,5月略增,6月、7月猛增,8月达到鼎盛期,9月迅速减少,其中6月、7月和8月短时强降水发生频次分别占全年的16.46%、32.61%和39.12%,尤其是7月和8月,频次总和占到71.73%,超过全年短时强降水总数的三分之二。

由逐旬频次图可见(图1.10c),7月下旬至8月上旬是全年最集中高发时段,短时强降水频次占比均超过15%,其次是8月中旬和下旬,发生频次占比在9%以上,再次是7月上旬和中旬、6月中旬,这段时期发生频次呈现波动状态,9月以后短时强降水迅速减少。

短时强降水往往是在有利的大尺度环流形势下的中小尺度系统中产生,甘肃省短时强降水在一天内的各个时段均有发生(图1.10d)。高发时段主要发生在17时至次日02时,尤其是19—24时这6个时次短时强降水发生频次均占比6%以上,占总频次的46.22%,说明近一半的短时强降水出现在这段时期内,其中21时频次最高,占比达9.25%;03—15时短时强降水处于低发状态,尤其在08时和09时,发生频次占比不足1.5%。出现这种日变化的可能原因是:午后到傍晚由于局地热力不稳定产生中小尺度对流云团,当对流云团发展到最强盛时容易产生强降水;另外,甘肃河东地区山大沟深,江河穿流其中,河谷地区白天储存了不稳定能量,傍晚到夜间河谷周边山坡辐射降温出现山风环流,低层暖湿空气抬升触发了不稳定能量的释放,导致夜间容易产生对流性降水[6]。

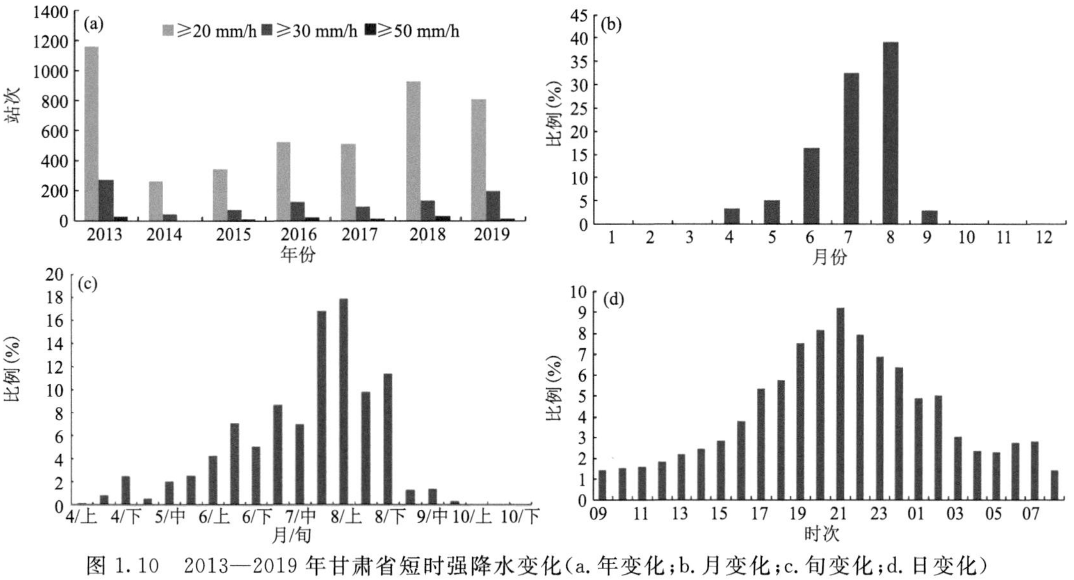

图1.10 2013—2019年甘肃省短时强降水变化(a.年变化;b.月变化;c.旬变化;d.日变化)

1.3.2 冰雹

1.3.2.1 甘肃省冰雹空间分布特征

甘肃省冰雹的空间分布与海拔高度、地形和下垫面性质等密切相关,具有明显的局地性和分散性,主要发生于青藏高原边坡和高海拔地区(图1.11),其原因也是容易理解的,山地起伏不平,山地常常起到强迫抬升的作用,从而增加冰雹发生的概率。甘南高原、甘岷山区、祁连山东段为三个冰雹高发区,永登、东乡和华家岭三站为冰雹高发点,年平均冰雹日数为2~6 d,其中玛曲站最多,达 6.17 d;临夏、定西两州市为相对多雹区,达 1~2 d;兰州、白银、平凉和庆阳等市为冰雹少发区,平均在 1 d 以下;河西地区、天水市东部和陇南市东南部很少有冰雹出现。

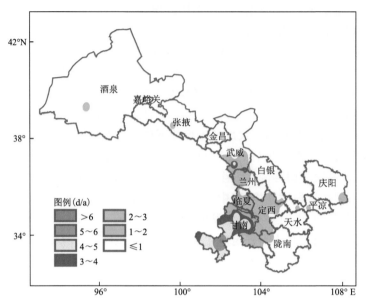

图 1.11 甘肃省年平均冰雹日数空间分布

从冰雹日数各月空间分布来看(图 1.12),4 月全省冰雹的范围较小,主要出现在甘南高原、甘岷山区和华家岭,年平均冰雹日数不足 0.4 d。5—7 月全省出现冰雹的范围较大,冰雹日数多,降雹主要集中在祁连山区、甘南高原及定西、临夏、平凉和庆阳等市州,冰雹日数一般为 0.2~0.8 d,甘南高原在 0.8 d 以上,其中 6 月冰雹最多发,范围最大,7 月河西地区及定西市冰雹日数有所减少,祁连山东段增加。这主要是因为 5—7 月 0 ℃层高度适宜,青藏高原边坡地区、高海拔山地迎风坡以及六盘山等喇叭口盆地和谷地空气中水汽含量高,太阳辐射强,近地层大气变得很不稳定,加之冷暖空气交汇频繁,在中尺度切变线等系统触发下产生冰雹天气,此外由地形强迫产生的重力波触发不稳定能量释放也可能造成降雹天气[7-8];8 月 0 ℃层高度抬高,甘南高原冰雹日数 0.8 d 以上的范围明显减小,平凉和庆阳两市也大幅度减弱。9 月伴随副高东退和太阳辐射减弱,暖湿条件明显下降,大气层结趋于稳定,甘南高原东部的冰雹范围和日数进一步缩减。

从冰雹的平均直径等级分布来看(图 1.13a),甘肃省大部分站点为 5~20 mm 的中等强度冰雹,酒泉市西部和陇南市南部以弱冰雹为主,白银市靖远、庆阳市西峰、合水为强冰雹。图 1.13b 为全省各站点冰雹的最大直径等级分布,河西地区冰雹最大直径大多在 5~20 mm,属于中等强度冰雹,张掖市民乐、山丹和武威市古浪三站达强冰雹;河东地区基本都在中等强度标准以上,甘南、定西、天水、平凉、庆阳等州市部分站点冰雹最大直径达到特强标准,庆阳市出现特强冰雹的站点最多。

1.3.2.2 冰雹时间变化特征

从 1990—2019 年甘肃省冰雹站次年际变化可以看出(图 1.14a),近 30 年冰雹站次呈明显减少趋势,平均每 10 年减少 47 站次。20 世纪 90 年代前期冰雹站次多,年冰雹站次在 100 站次以

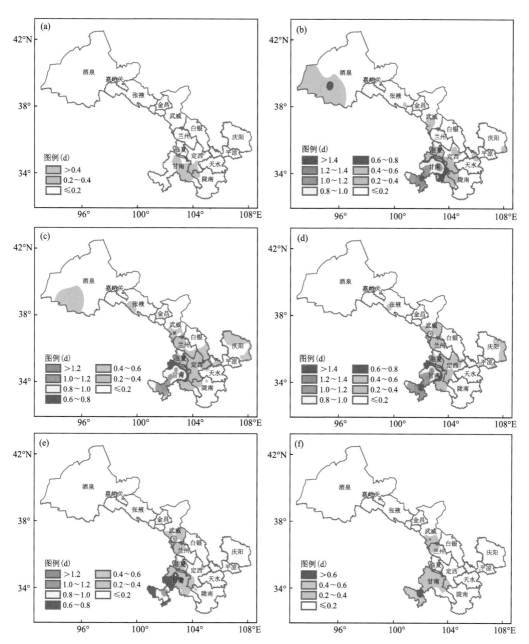

图1.12　1990—2019年4—9月甘肃省冰雹年平均日数逐月空间分布
(a.4月;b.5月;c.6月;d.7月;e.8月;f.9月)

上,之后明显减少,在50～70站次,其中1990年最多,达204站次,2018年最少,仅为29站次。

甘肃省降雹具有季节性强、雹日高度集中的特征。由逐月分布来看(图1.14b),降雹最早出现在3月,最晚结束于11月,5—7月是全年冰雹发生的主要时段,站次数占全年的62.6%,6月最多,占全年的22.52%,其次为5月和7月,分别占全年的20.32%和19.77%,8—11月冰雹日数明显减少,12月至次年2月为无雹时段。

从逐旬来看(图1.14c),全年冰雹呈现波动变化,6月下旬出现频次最高,占总频次的

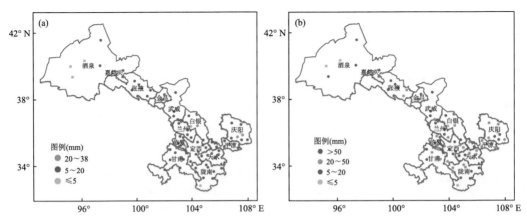

图 1.13 甘肃省各站点冰雹平均直径(a)和最大直径(b)等级空间分布

8.95％,其次为5月下旬和7月上旬,分别占8.47％和8.07％。此外,5月下旬、6月下旬和8月下旬在所处月中呈现偏高的态势。

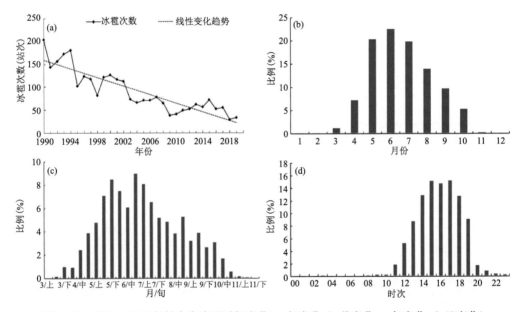

图 1.14 1990—2019年甘肃省冰雹时间变化(a.年变化;b.月变化;c.旬变化;d.日变化)

甘肃省冰雹的发生具有明显的单峰型日变化特征,一般最早从11时前后开始,21时前后结束(图1.14d)。13—19时为冰雹高发时段,发生频次占全天的88.5％,17时冰雹发生频次最高,占达15.2％,这主要是因为冰雹的产生需要较高的对流有效位能[9],从午后到傍晚太阳辐射强,地面升温快,而春末至初秋大部分地区最高气温出现在17时前后,此时气团对流有效位能大,垂直运动较强,当水汽条件满足(700 hPa 比湿≥4 g/kg)和 0 ℃层高度合适时(4000～5000 m)就容易出现冰雹。20时以后冰雹发生频次迅速减少,21时至次日10时,很少有冰雹发生,频次占比不足1％。

1.3.2.3 冰雹持续时间分布特征

冰雹持续时间与冰雹日数在空间分布上基本一致,同时具有差异性(图1.15a)。降雹平均持续时间超过 6 min 的区域主要包括祁连山中东部、陇中高海拔地区、陇东六盘山和黄土高原地区以及青藏高原边缘的临夏和甘南等地,这些地区海拔大多在 1500 m 以上且地形复杂;陇南、天水两市低海拔地区以及河西中西部等地势较平坦地区,降雹平均持续时间在 6 min 以下。由此可见,海拔、地形对冰雹的产生及降雹持续时间具有重要影响。甘肃省冰雹过程持续时间主要集中在 8 min 以内(图 1.15b),不同持续时间的冰雹过程发生次数呈现先增加后减少的特征,持续时间在 2 min 以内的累计出现 411 次,2～4 min 出现次数最多,达 582 次,4～6 min、6～8 min 的分别有 426 次和 265 次,之后随着持续时间的延长,冰雹过程出现次数迅速减少,持续时间 32 min 的仅有 6 次,超过 32 min 的冰雹过程在甘肃很少出现。

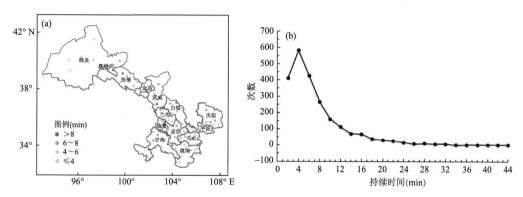

图 1.15　1990—2019 年甘肃省冰雹平均持续时间空间分布(a)及不同持续时间冰雹过程出现次数(b)

1.3.3　雷暴大风

1.3.3.1　甘肃省雷暴大风空间分布特征

甘肃省雷暴大风分布特点是山区、高原多,地势低的地区少(图 1.16)。雷暴大风高发区

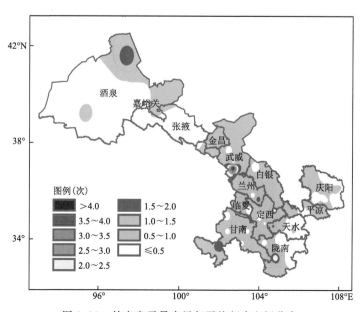

图 1.16　甘肃省雷暴大风年平均频次空间分布

较分散,其中乌鞘岭地区范围最大、出现频次最多,年均达 6.3 次,乌鞘岭位于祁连山脉的东南端,是半干旱区向干旱区过渡的分界线,也是东亚夏季风到达的最西端,其主峰海拔 3562 m,正是由于海拔较高,大风日数多,再加上地形抬升作用,午后易出现对流活动;马鬃山、武都、东乡、华家岭、玛曲、临潭、岷县、榆中为 8 个雷暴大风高发点,年均频次在 2.0 次以上;张掖市、天水市中东部、陇南市东部很少有雷暴大风出现,年均频次大多在 0.5 次以下,省内其余站点大部分年均达 1.5～2.0 次。

由逐月空间分布看出(图 1.17),4 月全省出现雷暴大风的范围小且分散,频次低,仅马鬃

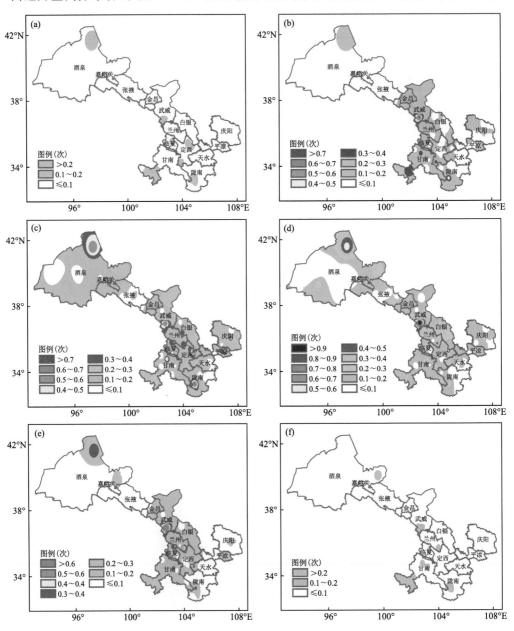

图 1.17 1990—2019 年 4—9 月甘肃省雷暴大风逐月空间分布

(a. 4 月;b. 5 月;c. 6 月;d. 7 月;e. 8 月;f. 9 月)

山、乌鞘岭、东乡、武都、玛曲、华家岭、岷县等站年均次数在 0.1 次以上；从 5 月开始雷暴大风的范围有所扩大，频次增多，高发点与 4 月一致，年均频次在 0.3 次以上；6 月全省雷暴大风发展到最强时期，酒泉市及甘肃中部地区雷暴大风出现频次高，年均频次在 0.3 次以上；7 月雷暴大风高发区与 6 月较接近，范围有所减少，频次减弱；8 月雷暴大风活动范围进一步减小，其中河西大部和陇东南地区减弱更加明显；9 月除乌鞘岭、玛曲、武都外，其余地区很少有雷暴大风出现。纵观 4—9 月，全省雷暴大风高发点中有位置相对较固定的站点，分别是马鬃山、鼎新、乌鞘岭、华家岭、榆中、东乡、武都、临潭、庆城、岷县和玛曲。

将雷暴大风强度按大风风力等级分类，从全省风力极大值分布来看（图 1.18），甘肃省雷暴大风主要以 8 级和 9 级为主，10 级和 11 级较少出现。8 级雷暴大风主要出现在河东地区，9 级雷暴大风在全省均有出现，其中河西中西部及临夏、甘南两州出现站次数较多，金昌、武威、兰州、定西等市出现站次数偏少，仅有 1 站出现，白银市暂无站点出现 9 级雷暴大风。10 级雷暴大风高发区域在陇中，其中定西市高达 4 站次，其次是武威市，其南部出现有 2 站次。11 级雷暴大风仅在马鬃山、民勤和榆中三站出现。

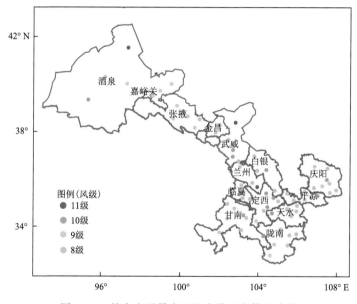

图 1.18　甘肃省雷暴大风极大值强度等级分布

1.3.3.2　雷暴大风时间变化特征

雷暴大风因 2014 年开始取消人工地面观测，以闪电资料代替，资料存在不连续，但仍能表征雷暴大风的总体变化趋势。由图 1.19a 可以看出，近 30 年雷暴大风出现站次呈明显减少趋势。1990—2001 年是雷暴大风相对较多期，2001—2010 年为相对较少期，2011—2013 年再次增多，2014—2018 年变化不明显，2019 年开始增多。

甘肃省雷暴大风与冰雹起止时间一致，都是始于 3 月，于 11 月结束，全年集中时段在 5—8 月，其中 6 月出现频次最高，占全年的 28.9%，其次为 7 月和 8 月，分别占全年的 22.3% 和 18.0%，9 月以后雷暴大风出现频次大幅度减弱，11 月至次年 2 月全省无雷暴大风出现（图 1.19b）。

从逐旬来看(图 1.19c),全年雷暴大风呈现波动变化,6 月下旬出现频次最高,占比达11.7%,其次为 6 月上旬,占比达 9.0%。6 月上旬和中旬、7 月上旬和 8 月上旬在全年中呈现异常偏高的态势。

对全省雷暴大风出现的次数进行逐时统计(图 1.19d),可以看出,甘肃省雷暴大风高频时段出现在午后至傍晚的 15—21 时,发生频次占全天的 83.7%,19 时达到峰值,21 时后大幅减少,上午和夜间很少发生,这与其地表午后加热作用有关。

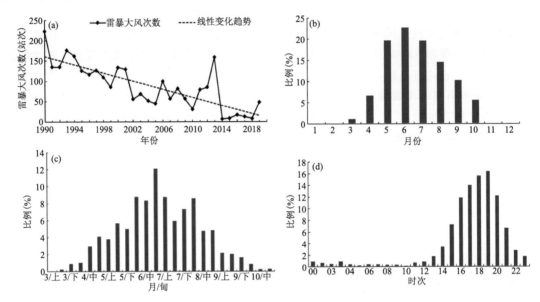

图 1.19 1990—2019 年甘肃省雷暴大风时间变化
(a. 年变化;b. 月变化;c. 旬变化;d. 日变化)

1.4 甘肃省短时强降水、冰雹源地和移动路径

1.4.1 短时强降水

对 2013—2019 年共 57 个短时强降水过程进行统计分类,其中倒槽低涡型 5 个,低槽东移型 20 个,副高边缘型 25 个,西北气流型 2 个,高压边缘型 3 个,两高切变型 1 个。

对发生次数最多的低槽东移型与副高边缘型短时强降水源地与路径进行分析,发现低槽东移型短时强降水多初生于甘南州东部、陇南市以及天水市南部,且短时强降水发生后,主要分为两条移动路径,即由甘南州附近移至陇南市中东部的东南路径,该路径共有 6 例,占28.6%;由陇南市及天水市南部移至庆阳市附近的东北路径,共有 5 例,占 23.8%;有 7 例无明显移动,占 33.3%,另外,还有 1 例为偏东路径,1 例西南路径。

副高边缘型短时强降水源地与路径与低槽东移型有较为明显的差别,副高边缘型短时强降水多发生于临夏州及祁连山东部。其移动路径主要以东南向为主。其中,由临夏州及祁连山东部附近沿东南方向移至甘南、陇南两州市附近的路径有 11 条,占 44%;短时强降水位置无明显变化的有 4 例,占 16%;沿东北方向移动的有 4 例,占 16%。另外,向偏南方向移动的个例共有 3 个,向偏东方向移动的个例共有 2 个,向西南方向移动的个例有 1 个。

从上述分析可知,低槽东移型短时强降水源地为甘南州东部、陇南市以及天水市南部,而副高边缘型短时强降水为临夏州及祁连山东部。低槽东移型移动路径主要分为两条:一是由甘南州附近移至陇南市中东部的东南路径,二是由陇南市及天水市南部移至庆阳市附近的东北路径;副高边缘型短时强降水的移动路径主要为由临夏州及祁连山东部附近移至甘南、陇南两州市的东南路径(图 1.20)。对造成二者沿不同路径移动的原因进行分析,发现切变线的移动路径是造成短时强降水移动方向不同的原因。

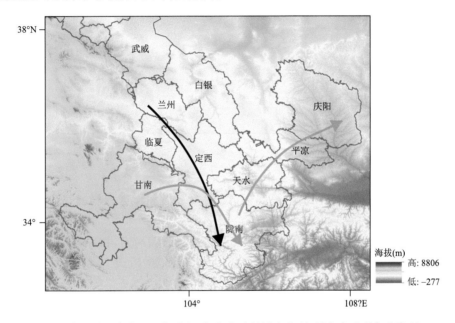

图 1.20　甘肃短时强降水源地与路径(灰色表示低槽东移型,黑色表示副高边缘型)

1.4.2　冰雹[10]

降雹的空间分布受盛行气流、天气系统、海拔高度、地形和下垫面性质等多种因素制约。6—7 月是甘肃降雹最多的月份。分析其原因,主要是初夏少雨且近地面气温升高,甘肃位于青藏暖高压前部,高空盛行西北气流,多冷空气活动,使大气层结不稳定,易降雹。海拔高于 3000 m 的地区,6 月 0 ℃层较低,云层温度较低,虽然不易形成大雹粒,但在温度最高的 7 月冰雹仍最多。34°N 以南地区盛夏受西太平洋副热带高压控制,冷空气不易入侵,冰雹比春、秋季相对较少。冰雹的移动路径一般有准定常性,原因在于冰雹的产生源地基本固定,冰雹的移动多受山脉走势和大气气流的影响,地域性很强,一般西北地区冰雹移动路径大都为西北—东南走向或从西向东移动。根据对甘肃各地的调查,影响甘肃省的主要雹区源地与路径有以下四条(图 1.21)。

1.4.2.1　发源于祁连山区东部

(1)发源于祁连山区东部,由乌鞘岭向南移动,影响兰州市区、永登、临夏州和天水、陇南两市北部。

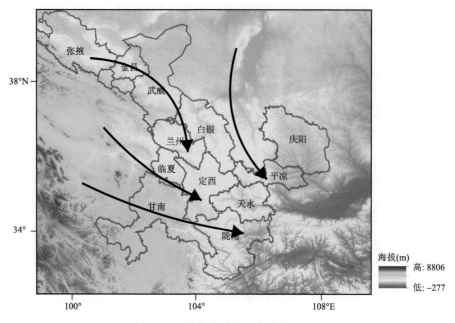

图1.21 甘肃冰雹源地与路径

(2)发源于冷龙岭东端经天祝、永登、白银、皋兰到兰州市区减弱,然后在榆中县北山再度发展加强、再生后移向安定区北部至会宁。

(3)发源于马啣山东南坡,影响临洮、安定、陇西、通渭、秦安、甘谷等地。

(4)发源于甘肃天祝县毛毛山,影响永登、兰州市区、榆中。

(5)发源于甘肃景泰县的老虎山,从景泰、皋兰到榆中。

1.4.2.2 发源于六盘山区

(1)发源于宁夏贺兰山区,影响宁夏回族自治区东南各地。有时在六盘山加强,影响甘肃的庆阳、平凉两市和天水市的清水、张家川等地。

(2)发源于六盘山东侧经宁夏泾源县,影响甘肃崆峒区、华亭和陕西关中地区。

(3)发源于宁夏海源,经固原进入甘肃平凉崆峒山附近加强,影响华亭和崆峒区。

1.4.2.3 发源于青海省东部

(1)发源于青海省的拉鸡山区和西倾山区,向东南移动影响青海东部和甘肃中部、南部的临夏、甘南两州及岷县、宕昌等地。

(2)发源于祁连山,经民和县南部影响青海东北部和甘肃中部的永靖、东乡、广河、康乐、临洮等地。

1.4.2.4 发源于青海省南部(泽库)

(1)发源于青海泽库,影响甘肃碌曲、玛曲、迭部、舟曲等地。

(2)发源于甘肃夏河,影响合作、临潭、岷县等地。

(3)发源于甘肃岷县,影响宕昌县、礼县、西和县。

(4)发源于甘肃渭源县,经漳县、武山,雹云加强或再生后至麦积区和成县、徽县。

参考文献

［1］　陶健红,王宝鉴,等.甘肃省短期天气预报员手册［M］.北京:气象出版社,2012.

［2］　黄玉霞,王宝鉴,王勇,等.甘肃省强对流天气中尺度分析业务技术规范［M］.北京:气象出版社,2017.

［3］　MADDOX R A. Mesoscale convective complexes［J］. Bulletin of the American Meteorological Society,1980,61(11):1374-1387.

［4］　AUGUSTINE J A,HOWARD K W. Mesoscale convective complexes over the United States during 1986 and 1987［J］. Monthly Weather Review,1991,119(7):1575-1589.

［5］　JIRAK I L,COTTON W R,MCANELLY R L. Satellite and radar survey of mesoscale convective system development［J］. Monthly Weather Review,2003,131(10):2428.

［6］　韩宁,苗春生.近6年陕甘宁三省5—9月短时强降水统计特征［J］.应用气象学报,2012,23(6):691-701.

［7］　黄玉霞,王宝鉴,王研峰,等.1974—2013年甘肃冰雹日数的变化特征［J］.气象,2017,43(4):450-459.

［8］　周嵬,张强,康凤琴,等.我国西北地区降雹气候特征及若干研究进展［J］.地球科学进展,2005,20(9):1029-1036.

［9］　马晓玲,李德帅,胡淑娟.青海地区雷暴、冰雹空间分布及时间变化特征的精细化分析［J］.气象,2020,46(3):301-312.

［10］　王锡稳,冀兰芝,张新荣,等.甘肃冰雹天气个例分析与预报方法研究［M］.北京:气象出版社,2005.

第 2 章
甘肃省强对流天气大尺度环流和
中尺度环境条件概念模型

强对流天气是甘肃省春夏季发生频率较高的灾害性天气之一,其中雷暴大风、短时强降水和冰雹最为常见,极易造成人员伤亡和财产损失。因此,加强强对流天气预报预警技术研究,提高预报能力是非常必要的。强对流天气往往发生在有利的大尺度环流背景下,通过分类建立强对流天气的天气尺度概念模型,研究其物理机制、中尺度环境条件特征,可以有效提高预报针对性,减少空报和漏报,提高对不同类型大尺度环流背景下强对流天气的短期、短时、临近预报水平。

2.1 强对流天气大尺度环流分型

利用 NCEP(美国国家环境预报中心)再分析资料,甘肃省基本站、基准站、一般站、区域站强对流天气实况观测资料,高空、地面观测资料对甘肃省 2000—2016 年共 168 个强对流天气过程(选取标准:短时强降水 20 站次以上、冰雹 4 站以上、雷暴大风 5 站以上)的大尺度环流形势进行分型,可将甘肃省强对流天气分为低槽型(占 68%)、低涡型(占 9%)和西北气流型(占23%)三类。特别要指出的是,甘肃省雷暴大风天气大多数和冰雹相伴发生,单纯雷暴大风天气比较少,所以后面的研究分析将雷暴大风和冰雹天气放在一起。

2.1.1 低槽型

低槽型强对流天气环流形势(图 2.1)特点为,500 hPa 上甘肃河东处于东高西低环流形势,甘肃上空有明显高空槽东移,并有温度槽配合,温度槽往往落后于高度槽,槽线附近有较明显冷平流。700 hPa 有槽线或者切变线,低槽或切变线前部有一支西南低空急流向河东输送充沛的水汽;地面有冷锋或者辐合线。在这种环流形势下,强对流天气往往以短时强降水、冰雹为主,雷暴大风天气较少出现。强对流天气往往出现在 500 hPa 槽前、700 hPa 切变线右侧、

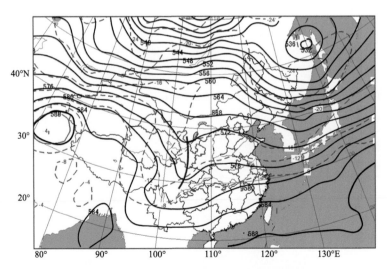

图 2.1　低槽型强对流天气 500 hPa 环流形势
(黑实线为等高线,红虚线为等温线,棕实线为槽线,下同)

低空急流左前方。出现短时强降水时整层湿度条件好,大气可降水量(PW)在 30 mm 以上,且存在水汽通量辐合。而出现冰雹天气时,存在明显的上干下湿。在 7—9 月,副高西伸北抬,500 hPa 上副高西脊点通常位于 110°E 以西,陇东南位于副高西北侧西南气流中,低槽在东移过程中与副高外围西南暖湿气流相遇,从而造成河东大范围短时强降水天气。这时短时强降水主要出现在 500 hPa 槽前、700 hPa 切变线右侧、副高西北侧西南急流的交汇处。

2.1.2　低涡型

低涡型强对流天气环流形势特点(图 2.2)是:500 hPa 上蒙古国有一闭合低涡,一般有冷中心与之配合,有时冷涡可南压至黄河河套一带(也称河套冷涡),低涡底部冷平流较强。由于贝加尔湖东侧高压脊的阻挡作用,蒙古低涡移动缓慢,在旋转过程中不断有冷空气扩散南下,往往给甘肃省带来强对流天气。700 hPa 图上,有时有低涡,有时没有,但经常有切变线形成,甘肃河东一般都有暖中心相配合,下暖上冷特征明显。此类强对流天气地面影响系统多为中尺度辐合线。在这种环流形势下,甘肃省由于受 500 hPa 冷平流影响,有利于触发强对流天气,短时强降水、雷暴大风、冰雹均可出现,但主要还是以雷暴大风和冰雹天气为主。强对流天气主要出现在午后至上半夜,短时强降水主要出现在 700 hPa 切变线右侧西南气流中,而冰雹、雷暴大风主要出现在低涡后部或底部冷平流影响区中。

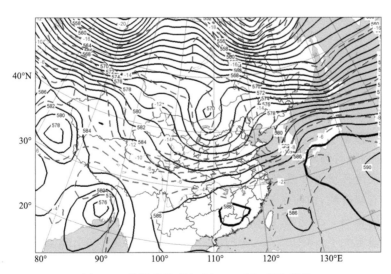

图 2.2　低涡型强对流天气 500 hPa 环流形势

2.1.3　西北气流型

西北气流型 500 hPa 环流形势(图 2.3)为西高东低,新疆为一高压脊,甘肃省位于脊前西北气流中,有时在西北气流中有小波动东移,冷平流明显,涡度较小。700 hPa 存在切变线,地面有辐合线,中层槽线或切变线超前于低层。午后升温产生热力不稳定,出现强对流天气。这种形势是降雹落区最广的一种,当湿度条件较好时也可能出现短时强降水,但短时强降水的站数相对较少,分布不均,一般出现在 6—8 月。

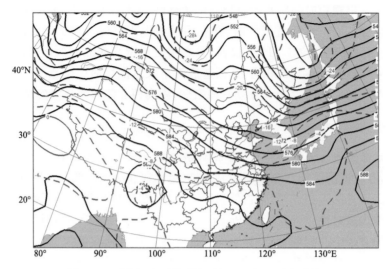

图 2.3　西北气流型强对流天气 500 hPa 环流形势

2.2　强对流天气中尺度环境条件概念模型

2.2.1　低槽型强对流天气中尺度环境条件概念模型

2.2.1.1　短时强降水

低槽型短时强降水,又可分为高原槽东移型和副高边缘型两种。

(1)高原槽东移型

高原槽东移型短时强降水主要出现在 5—7 月,该型个例最多,约占一半,出现短时强降水的站数最多,中尺度环境条件概念模型(图 2.4)为:甘肃省河东处于东高西低环流中,700 hPa 有切变线,地面有辐合线,槽前水汽充沛,从低层到中层湿度条件都很好,PW 在 30 mm 以上,且存在水汽通量辐合。北方低层有冷空气侵入,对流有效位能(CAPE)大于 500 J/kg。700 hPa 涡度值通常大于 5×10^{-5}/s。短时强降水通常发生在 700 hPa 切变线右侧,CAPE 大值中心或脊线附近。

(2)副高边缘型

副高边缘型短时强降水以 8 月最多,其次为 7 月和 9 月,这种类型约占 35%。该型出现短时强降水站数较多,最多为 153 站,最大小时雨强为 101.4 mm/h。此类短时强降水中尺度概念模型(图 2.5)为:500 hPa 上处于高原槽前、588(586)dagpm 等值线外围的西南气流中,700 hPa 在副高西北侧有切变线存在,地面有辐合线。中层水汽条件一般,但低层水汽非常充沛,700 hPa 比湿达 12 g/kg。北方有冷空气侵入,700 hPa 有温度脊,不稳定能量很大,CAPE 最大中心值往往大于 1000 J/kg,$\theta_{se\,700\sim500}\geqslant8$ ℃,700 hPa 有正涡度存在,但数值通常小于 5×10^{-5}/s。短时强降水主要出现在 500 hPa 槽前、700 hPa 切变线附近、副高西北侧西南急流的交汇处。短时强降水发生范围较大,700 hPa 切变线两侧均会有短时强降水发生。

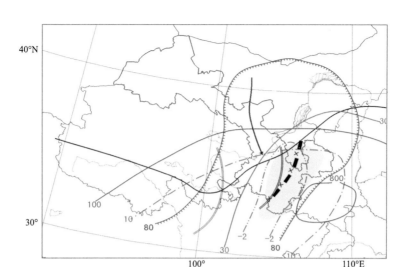

图 2.4　低槽型(高原槽东移型)短时强降水中尺度概念模型(图例,下同)

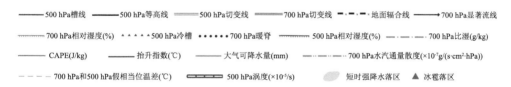

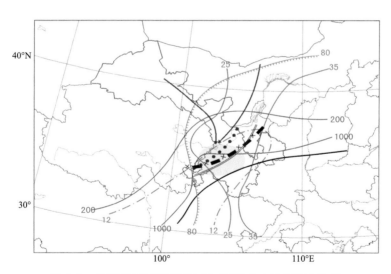

图 2.5　低槽型(副高边缘型)短时强降水中尺度概念模型

2.2.1.2　冰雹、雷暴大风

低槽型冰雹、雷暴大风中尺度环境条件概念模型(图 2.6)为:500 hPa 有明显冷平流;700 hPa 相对湿度为 $60\% \sim 70\%$,比湿超过 4 g/kg;$\theta_{se\,500\sim700} \geqslant 4$ ℃;CAPE 在 100 J/kg 以上;冰雹落区 500 hPa 涡度大于 5×10^{-5}/s,降雹常发生在高空槽(切变线)及地面辐合线附近。

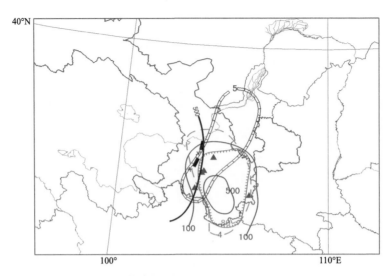

图 2.6　低槽型冰雹、雷暴大风中尺度概念模型

2.2.2　低涡型强对流天气中尺度环境条件概念模型

2.2.2.1　短时强降水

　　低涡型短时强降水主要出现在 7 月,该种类型个例较少,但往往会出现较大的暴雨过程,过程降水量通常在 100 mm 以上,短时强降水的最大小时雨强为 118 mm/h。这类短时强降水中尺度环境条件概念模型(图 2.7)为:500 hPa 上河东有一低涡,700 hPa 上也相应存在低涡,从四川到陇东南有西南气流显著流线,向陇东南输送水汽。短时强降水主要出现在低涡的东南象限,从低层到中层湿度条件较好,PW 在 30 mm 以上,低层(700 hPa)有较强的水汽通量辐合。CAPE 通常在 1000 J/kg 以下,短时强降水多发生在 CAPE 大值中心或梯度区、700 hPa 切变线的东侧和南侧。

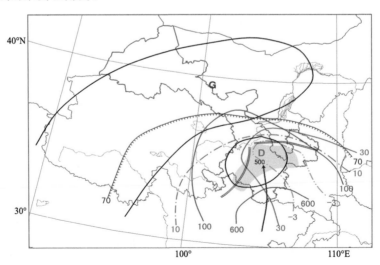

图 2.7　低涡型短时强降水中尺度概念模型

2.2.2.2　冰雹、雷暴大风

此种类型冷平流较强,降雹区常位于低涡后部或底部冷平流影响区中。700 hPa 相对湿度≥70％,500 hPa 相对湿度为 40％～80％;700 hPa 比湿≥4 g/kg;500 hPa 涡度≥6×10⁻⁵/s,冰雹、雷暴大风落区附近存在正涡度中心;层结不稳定,冰雹落区 $\theta_{se\,500\sim700}$≥3 ℃,CAPE 值在 100 J/kg以上;冰雹、雷暴大风落区位于 200 hPa 分流区或者 500 hPa 急流出口区右侧、500 hPa 切变线后侧及地面辐合线附近(图 2.8)。

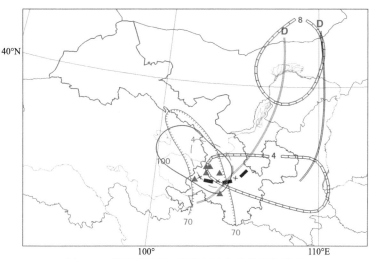

图 2.8　低涡型冰雹、雷暴大风中尺度概念模型

2.2.3　西北气流型强对流天气中尺度环境条件概念模型

2.2.3.1　短时强降水

西北气流型下短时强降水出现站数相对较少,多为 40 站左右,一般出现在 6—8 月,最大小时雨强为 92.5 mm/h,分布不均。其中尺度环境条件概念模型(图 2.9)为:500 hPa 甘肃省

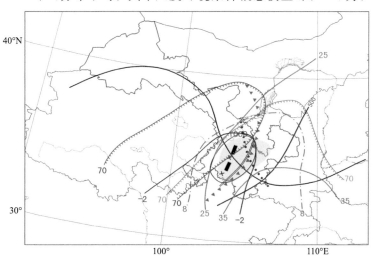

图 2.9　西北气流型短时强降水中尺度概念模型

处于槽后西北气流中,700 hPa存在切变线,地面有辐合线,中层槽线或切变线超前于低层。这类短时强降水湿度条件比低槽型弱,且没有整层湿的特征,PW通常在25 mm以上。由于冷平流较清楚,500 hPa冷槽、700 hPa暖脊的特征较明显。有较强的层结不稳定,CAPE可超过1000 J/kg,抬升指数(LI)<−2 ℃。短时强降水通常发生在切变线两侧、温度槽脊叠加、高CAPE、高LI重叠的区域。

2.2.3.2 冰雹、雷暴大风

西北气流型下冰雹落区范围最广,其中尺度环境条件概念模型(图2.10)为:冷平流明显,涡度较小,斜压性强,下暖上冷的层结不稳定特征最为明显;$\theta_{se\,500\sim700}\geqslant4$ ℃;$T_{700\sim300}\geqslant40$ ℃;CAPE中心$\geqslant500$ J/kg;中层湿,低层干,500 hPa相对湿度较高(50%~80%),700 hPa相对湿度较低(30%~60%),比湿在3~5 g/kg;500 hPa槽线或切变线不明显,但低层常有辐合线、切变线,冰雹、雷暴大风落区通常在700 hPa切变线或地面辐合线附近。

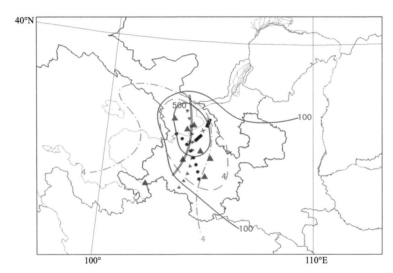

图2.10 西北气流型冰雹、雷暴大风中尺度概念模型

2.3 不同类型强对流天气的探空曲线特征

2.3.1 短时强降水的 T-$\ln p$ 图结构特征

2013年6月19日21时至20日13时(北京时,下同),陇南、天水、平凉三市出现较大范围短时强降水天气,最大小时雨强出现在秦州区李子乡(65 mm/h,20日04—05时)。从武都站20日08时 T-$\ln p$ 图(图2.11)上可以看到以下几个特征:(1)近地面层到500 hPa条件不稳定特征明显,自由对流高度较低,层结曲线与状态曲线之间的红色区域面积较大,CAPE为777.4 J/kg;(2)700 hPa以下水汽接近饱和,500~300 hPa有干空气卷入,温湿层结曲线形成向上开口的喇叭口形状,"上干冷,下暖湿"特征明显;(3)中低层风速都较小,风随高度的变化

也较小;700 hPa 以下风向随高度上升顺时针旋转,有暖平流。较强的热力不稳定、对流有效位能以及中低层较为深厚的水汽饱和层为强对流发生提供了水汽条件和热力、动力不稳定条件。

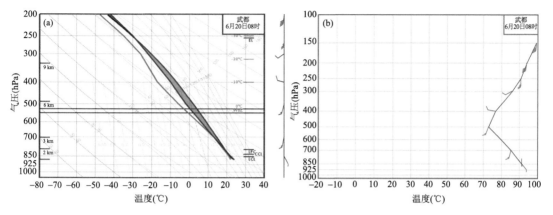

图 2.11　2013 年 6 月 20 日 08 时武都站 $T\text{-}\ln p$ 图(a)和假相当位温变化图(b)

2.3.2　冰雹的 $T\text{-}\ln p$ 图结构特征

2019 年 4 月 26 日 17—23 时,白银、兰州、临夏等市州 9 个县(区)出现冰雹,并伴有雷暴大风,冰雹最大直径出现在永靖(40 mm),出现时间 20:50。从榆中站 26 日 20 时 $T\text{-}\ln p$ 图(图 2.12)上可以看到以下几个特征:(1)近地面层到近 400 hPa 条件不稳定特征明显,层结曲线与状态曲线之间的红色区域面积较大,CAPE 为 764.4 J/kg;(2)湿层浅薄,仅 700~660 hPa 接近饱和,对流层高层到 500 hPa 有相对更干的干空气卷入,温湿层结曲线形成向上开口的喇叭口形状,“上干冷、下暖湿”的特征明显;(3)中低层风速随高度升高而明显增大,0~6 km 垂直风切变达 23.7 m/s;600 hPa 附近风随高度上升逆时针旋转,有冷平流,600 hPa 以下风随高度上升顺时针旋转,有暖平流;(4)对流抑制(CIN)达 142.7 J/kg,0 ℃层高度4.8 km,−20 ℃层高度 7.8 km。较强的热力不稳定、对流有效位能以及垂直风切变为强对流发生提供了热力和动力不稳定条件,合适的 0 ℃层和−20 ℃层高度对出现大冰雹非常有利。

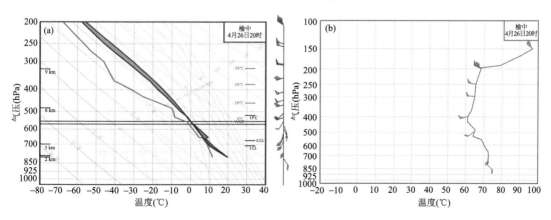

图 2.12　2019 年 4 月 26 日 20 时榆中站 $T\text{-}\ln p$ 图(a)和假相当位温变化图(b)

2.3.3 雷暴大风的 *T*-ln*p* 图结构特征

2021 年 6 月 8 日 16 时至 9 日 03 时,甘肃省张掖、金昌、武威、白银、兰州等市自西向东出现一次区域性雷暴大风天气,其中国家级站点最大风速出现在武威站(28.6 m/s,11 级),区域站最大风速出现在民勤南湖(31.3 m/s,11 级)。从榆中站 8 日 20 时 *T*-ln*p* 图(图 2.13)上可以看到以下几个特征:(1)近地面层到 500 hPa 条件不稳定特征明显,自由对流高度以上,层结曲线与状态曲线之间的红色区域面积较大,CAPE 为 721.6 J/kg;(2)整层湿度较小,仅675 hPa 附近接近饱和,400~600 hPa 有明显的干空气层,温、湿层结曲线形成向上开口的喇叭口形状,"上干冷、下暖湿"特征明显;(3)中低层风速随高度升高增大明显,0~6 km 垂直风切变达 20.8 m/s;(4)地面到 700 hPa 温度层结曲线接近平行于干绝热线。较强的热力不稳定、对流有效位能以及垂直风切变为兰州偏北地区雷暴大风天气的发生提供了热力和动力不稳定条件。中高层干空气卷入,一方面有利于热力不稳定增长,另一方面促进蒸发,有利于下沉气流产生向下的加速度;同时,地面到 700 hPa 温度层结曲线接近平行于干绝热线,又有利于下沉气流在下降过程中一直保持向下的加速度,导致雷暴大风出现。

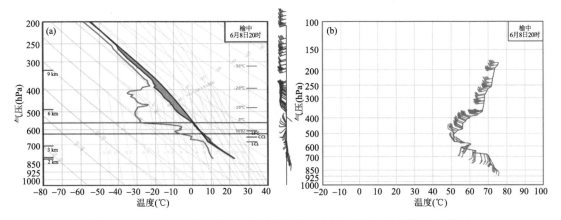

图 2.13　2021 年 6 月 8 日 20 时榆中站 *T*-ln*p* 图(a)和假相当位温变化图(b)

第 3 章
非常规观测资料在甘肃省强对流天气临近预警中的应用

3.1 雷达探测资料在强对流天气监测中的应用

3.2 闪电资料在强降水监测中的应用

3.3 卫星观测资料在强对流监测中的应用

强对流天气是发生在有利的大尺度环流形势下,由中小尺度系统触发,目前数值模式仍较难对其强度、落区做出准确预报,而借助卫星、雷达、闪电等非常规观测则可对强对流天气的发生、发展做出较准确的临近预报预警。

3.1 雷达探测资料在强对流天气监测中的应用

3.1.1 短时强降水雷达探测资料特征

甘肃省大范围短时强降水通常发生的大尺度环流形势有高原槽东移型、副高边缘型和西北气流型。下面将分别给出在这三种环流形势下短时强降水的雷达探测资料特征。

(1)高原槽东移型

高原槽东移型短时强降水对流系统的雷达回波常为东北北—西南南走向的 β 中尺度层积混合带状回波(图 3.1),其与 700 hPa 冷式切变线右侧的低空急流轴走向和位置较为一致。大面积的层积混合性回波中有一条或多条强度>35 dBZ 的强中尺度对流回波带,回波中心值小于 45 dBZ。强回波顶较为整齐,回波质心高度低,强回波主要位于 5 km 高度以下,低于 0 ℃ 层高度(5.5～6 km),说明强的反射率因子主要由液态水滴形成。抬升凝结高度到 0 ℃ 层的暖云层厚度大,暖云层中密布着>35 dBZ 的回波,降水效率很高,最强小时降水常常超过 50 mm/h,甚至有时能超过 80 mm/h,造成短时强降水的回波具有典型的热带型降水回波特征。700 hPa 切变线附近也有局地的短时强降水,但站次明显少于低空急流轴附近。

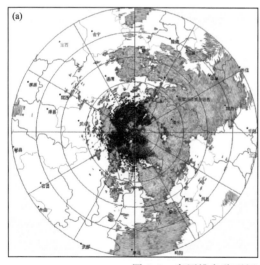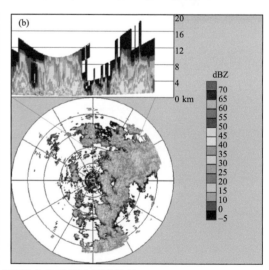

图 3.1 高原槽东移型短时强降水典型雷达回波特征
(a.1.5°仰角基本反射率;b.组合反射率和剖面)

层积混合带状回波主要在陇东南地区形成,有两种形式:一是陇东南地区对流层低层的低空急流较强,边界层无冷空气渗透,在强烈的暖湿低空急流中形成;二是低层低空急流也较强,但边界层有弱冷空气渗透至陇东南,在地面弱冷锋和低空急流共同作用下形成。形成>35 dBZ带状回波稳定少动,通常维持 3～4 h,多则 5～6 h,常伴有"列车效应"。

带状回波稳定维持的成因:(1)高空低槽、低层冷式切变线等影响系统受其东部的高压系统阻挡,向东或东南方向的移动速度缓慢;(2)陇东南地区的偏南低空急流,随着冷暖空气团之间的温度梯度加大,低空急流得以加强和维持,最大风速超过 17 m/s,有利于急流出口区出现气旋式切变或环流,并导致低层垂直上升运动的发展,有利于加强对流和降水;(3)对流层低层等风速线呈"S"型,风随高度上升顺时针旋转,有暖平流。低空急流带来的暖湿平流对于CAPE 释放后又迅速增大有显著作用;(4)陇东南地区复杂地形有利于对流系统的触发,尤其是在徽成盆地小地形附近,不断新生的对流风暴随偏南低空急流向偏北方向传播,向北传播的新生对流风暴不断替代原有的衰弱的对流风暴,对流风暴依次影响同一地区,每个对流风暴影响时间约 30 min,从而维持了带状回波的结构,并形成"列车效应",造成持续的短时强降水。

(2)副高边缘型

副高边缘型短时强降水对流系统的雷达回波整体上为东北—西南走向的 β 中尺度窄带状回波(图 3.2),其处于冷空气前沿,常位于略比 700 hPa 冷式切变线超前的地面锋线附近。窄带状回波位于降水回波前沿,向前移动方向上的回波梯度很大,而后部是一些强度较弱的层状云降水回波,回波梯度较小。强中尺度对流回波窄带上由多个对流单体构成,各单体的强度区别较大,一般单体的质心高度较低,在 6 km 以下,回波中心值小于 45 dBZ,回波顶高(18 dBZ的高度)为 8~10 km,但也有少数强对流单体发展十分旺盛,回波中心值超过 55 dBZ,且50 dBZ 以上强回波超过 7 km。

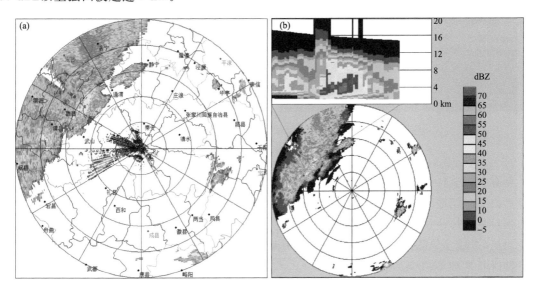

图 3.2　副高边缘型短时强降水典型雷达特征
(a.1.5°仰角基本反射率;b.组合反射率和剖面)

窄带状回波往往在冷空气侵入到甘肃中部时生成,随着冷锋向东南方向移动。冷锋后侧对流层低层的西北气流很强,而强中尺度对流回波长轴为东北—西南走向,二者近乎垂直,强回波的移动速度较快。有时会向弓状回波形态发展,造成局地短时强降水并伴有雷暴大风和冰雹的强对流天气。同一地区受强回波影响时间明显短于高原槽东移型,短时强降水持续 1 h居多,个别站点短时强降水可持续 2 h,最强小时降水 40~60 mm/h,冷锋过境后逐渐转为稳定的层状云降水。移至陇东南附近时,带状回波不断合并,其前部偏南气流中零散的 γ 中尺度

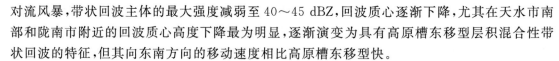

对流风暴,带状回波主体的最大强度减弱至40~45 dBZ,回波质心逐渐下降,尤其在天水市南部和陇南市附近的回波质心高度下降最为明显,逐渐演变为具有高原槽东移型层积混合性带状回波的特征,但其向东南方向的移动速度相比高原槽东移型快。

(3)西北气流型

西北气流型短时强降水天气发生时,>35 dBZ的雷达回波较为分散,局地性很强,主要是γ中尺度块状回波,伴有γ中尺度风场辐合。回波结构密实,中心常超过55 dBZ,有些对流风暴能达到超级单体强度,>40 dBZ的强回波往往发展到10 km以上,远高于0℃层高度,回波质心较高,常伴有悬垂回波结构或穹窿结构,具有明显的大陆对流性短时强降水雷达回波特征(图3.3),属于以深对流为主导的短时强降水,回波有时也呈β中尺度带状飑线。

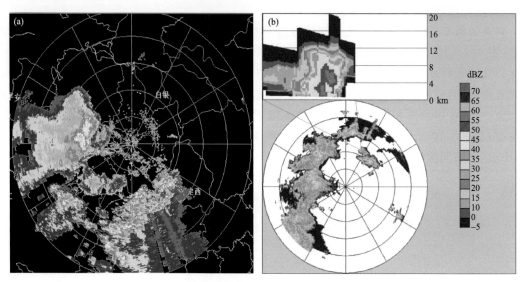

图3.3　西北气流型短时强降水典型雷达回波特征
(a.2.4°仰角基本反射率;b.组合反射率和剖面)

具有深对流特征的块状回波稳定少动:一种是短生命周期的单体生消形式,其造成的短时强降水持续时间绝大部分在1 h以内;另一种是多个单体组织、合并、加强形式,由于深对流主导的强对流单体往往存在较强的冷池出流边界,单体之间的冷出流相互作用过程更容易触发新生对流,造成多单体的组织、合并,单体合并后,对流系统会进一步发展,其造成的短时强降水持续时间常在1~2 h。

3.1.2　冰雹雷达回波特征

造成甘肃省冰雹天气的雷达回波常表现为γ至β中尺度(<50 km)的块状对流单体,可识别到三体散射、旁瓣回波(图3.4a)、V型缺口(图3.4b)、回波悬垂(图3.4c)等,最大反射率因子在45~65 dBZ。甘肃省冰雹按照大尺度环流形势可分为西北气流型、低槽型和低涡型三种,在不同的环流形势下,回波特征无差异,但其数值特征有些许差异。

(1)数字化特征

冰雹的潜势预报与对流单体的强度有直接关系,从雷达探测资料角度来看,冰雹的发生可根据雷达回波特征来判断,表3.1统计了三种冰雹天气型的8种雷达产品平均值(Mean)和标

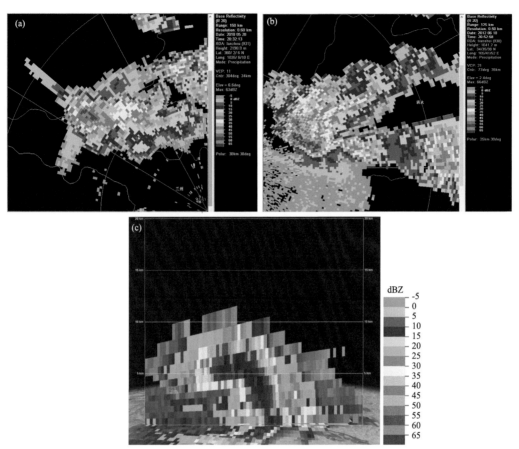

图 3.4　冰雹天气典型雷达回波特征

（a.三体散射、旁瓣回波；b.V 型缺口；c.回波悬垂）

准差（SD），绘制了概率密度分布图（图 3.5），定义概率密度分布在 $25\% \sim 75\%$ 为峰值阈值范围，以便分析各个雷达产品在不同冰雹天气型下的变化特征。

表 3.1　不同冰雹天气型下雷达产品的数字化特征

天气类型	$R_{\max}$(dBZ)		$R_{\max}$ Height(km)		ET(km)		H(km)		H_{45} (km)		TOP (km)		VIL (kg/m²)		VILD (g/m³)	
	Mean	SD	Mean	SD	Mean	SD	Mean	SD	Mean	SD	Mean	SD	Mean	SD	Mean	SD
西北气流型（26 个）	59.1	4.5	4.4	1.2	11.6	1.7	5.8	1.7	4.2	1.3	8.5	1.6	39.6	12.8	3.4	1.1
低槽型（31 个）	58.3	5.5	4.4	1.3	9.9	1.4	4.7	1.3	3.8	1.0	7.3	1.5	31.6	10.0	3.3	1.1
低涡型（18 个）	59.4	5.5	4.2	1.7	11.3	1.5	4.8	2.1	3.6	1.2	7.6	1.3	33.0	11.3	2.9	0.8

注：$R_{\max}$ 为最大反射率因子，$R_{\max}$ Height 为最大反射率因子所在高度，ET 为回波顶高，H 为核心区厚度，H_{45} 为 45 dBZ 以上质心高度，TOP 为 30 dBZ 以上最大高度，VIL 为垂直液态水含量，VILD 为垂直液态水含量密度。

由于冰雹云的后向散射能力远大于其他一般性天气，在雷达 PPI 上表现为较强的反射率，结合表 3.1 和图 3.5（a,b）可以看出，三种降雹天气型的最大回波强度（$R_{\max}$）范围集中分布在 51～65 dBZ,平均值在 59 dBZ 左右,其对应最强回波高度(R_{max} Height)基本分布在 2 km 以上,最高可达 7 km 左右。三种降雹天气型的 R_{max} 和 R_{max} Height 峰值阈值基本相同,分别为 55～65 dBZ,3.0～5.4 km。当 R_{max} 在 56～62 dBZ,R_{max} Height 在 3.5～4.5 km 时,西北气流型出现冰雹天气的概率要明显高于其他两种天气型,其离散程度也最小。

ET 在一定程度上反映了对流发展的强烈程度,其高度可为雹胚的增长提供足够的生长路径。从图 3.5c 可以看出,低槽型的 ET 分布范围与其他两种天气型均有所不同,低槽型 ET 范围为 5.0～12.0 km,而其他两种天气型主要集中在 8.0～14.0 km,说明低槽型 ET 达到 5.0 km 即可能出现降雹,而西北气流型和低涡型需在 8.0 km 以上;另外,低槽型峰值阈值为 9.0～11.0 km,平均值为 9.9 km,而其他两种天气型的峰值阈值在 11.0～13.7 km,平均值均在 11.5 km 左右,说明出现冰雹天气时,低槽型的 ET 要明显低于西北气流型和低涡型。

三种冰雹天气型的 H 范围主要集中在 1.5～6.7 km(图 3.5d),其峰值阈值分别为 4.1～6.9 km、3.9～5.7 km 和 3.0～6.7 km。西北气流型和低涡型 H 的最大值均为 8.2 km,低槽型为 6.7 km,当 H 在 6.0 km 以上,西北气流型出现冰雹天气的概率要远远高于其他两种天气型;另外,由表 3.1 可见,西北气流型的 H 平均值最大,为 5.8 km,其他两种天气型基本相同,在 4.8 km 左右,且低涡型 H 的离散程度相对较大,由此可见,出现冰雹天气时,西北气流型的 H 要略高于其他两种天气型。

三种冰雹天气型的 H_{45} 的范围集中分布在 1.8～5.8 km(图 3.5e),其峰值阈值差异较小,分别为 3.5～5.0 km、3.0～4.5 km、2.5～4.6 km。西北气流型的 H_{45} 平均值为 4.2 km,明显大于其他两种天气型(表 3.1),说明在西北气流型下,降雹回波核伸展高度更高,冰雹粒子的碰并增长区厚度更大,才更有利于大冰雹的产生;另外当 H_{45} 在 3.0～4.5 km 时,西北气流型出现冰雹天气的概率要明显高于其他两种天气型。

TOP 表示风暴顶的位置(图 3.5f),三种冰雹天气型的 TOP 范围集中分布在 6.0～10.0 km,西北气流型的 TOP 峰值阈值在 7.2～9.7 km,平均值为 8.5 km,低槽型和低涡型的 TOP 峰值阈值范围基本相同,在 6.2～8.5 km,平均值分别为 7.3 km 和 7.6 km,说明出现冰雹天气时,西北气流型中的 TOP 平均值普遍要高于其他两种天气型;另外,当 TOP>9.0 km 时,西北气流型出现冰雹天气的概率也明显大于其他两种天气型。

VIL 的大小反映了对流单体的综合强度,是判别冰雹等灾害性天气的有效工具之一。从 VIL 概率密度分布可以看出(图 3.5g),三种冰雹天气型的 VIL 范围集中分布在 15.0～46.0 kg/m² ,其最小值均在 11.0 kg/m² 以上,但三种天气型的 VIL 范围仍有区别,西北气流型 VIL 最大可达 71.0 kg/m²,低槽型最大值相对较小,为 46.0 kg/m²。低槽型和低涡型的峰值阈值基本相同,在 24.2～42.8 kg/m²,而西北气流型偏大,为 33.0～47.9 kg/m²;另外,三种天气型的 VIL 平均值分别为 39.6 kg/m²、31.6 kg/m² 和 33.0 kg/m²(表 3.1),其离散度均较大。当出现冰雹天气时,西北气流型 VIL 要明显大于其他两种天气型。

鉴于 VIL 的阈值会随着最大 VIL、ET 和季节的变化而改变,Amburn 等定义 VIL 密度(VILD)为 VIL 与 ET 之比来进行强对流天气研究[1]。三种冰雹天气型的 VILD 范围(图 3.5h)集中分布在 1.4～4.4 g/m³,三种天气型的峰值阈值分别为 3.0～4.1 g/m³、2.6～4.1 g/m³ 和 2.2～3.4 g/m³,其低涡型的峰值阈值要明显小于其他两种天气型。研究表明,如果 VILD>4.0 g/m³,则对流单体几乎肯定产生直径超过 20 mm 的强冰雹[2],这在本节所选的个例中也有所体现,西北气流型和低涡型完全符合,低槽型只有一例不符合。另外,统计分析发现（表 3.1），出现冰雹天气时，低涡型的 VILD 平均值在 3.0 g/m³ 以下，明显低于其他两种天气型，这在图 3.5 h 上也有所反映。当 VILD 在 3.7 g/m³ 以下时，低涡型出现冰雹的概率要明显高于其他两种天气型。

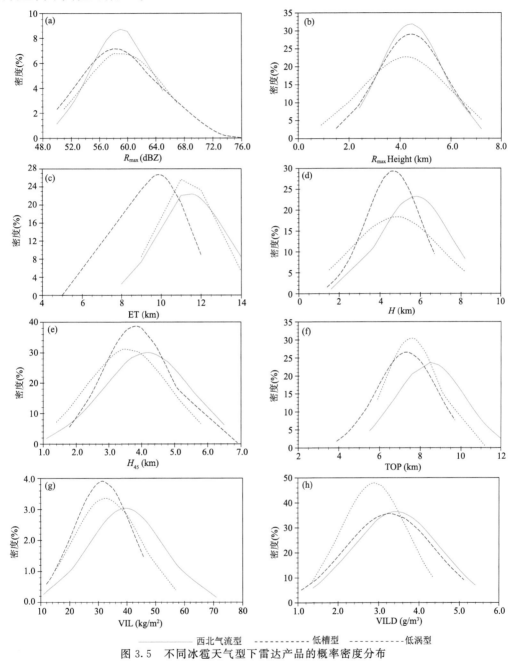

图 3.5　不同冰雹天气型下雷达产品的概率密度分布

（2）图形化特征

判断大冰雹的辅助指标还包括三体散射、旁瓣回波、有界弱回波、回波悬垂和 V 型缺口等特征，表 3.2 统计了三种冰雹天气型出现 5 种图形化特征的次数和所占的比例。在 75 次冰雹过程中，共出现三体散射 23 次，旁瓣回波 30 次，有界弱回波 21 次，回波悬垂 46 次，V 型缺口 7

次,由于 V 型缺口出现较少,下文不再对其进行讨论。通过对比发现,三种冰雹天气型出现回波悬垂的比例均在 61% 以上,低槽型出现三体散射和旁瓣回波的比例分别为 35.5% 和 48.4%,明显高于其他两种天气型,而出现有界弱回波的比例最低,只有 12.9%,其他两类均在 38% 以上。由此可见,出现冰雹天气时,三种天气型下出现回波悬垂的概率均较高,低槽型出现三体散射和旁瓣回波的可能性较大,而出现有界弱回波的可能性略小;另外,出现三体散射和旁瓣回波具有一定的预报提前量,在上述所有个例中,从对流风暴单体中出现三体散射和旁瓣回波特征至观测到冰雹的时间提前量最长为 30 min,平均 18 min。

表 3.2　不同冰雹天气型下雷达产品的图形化特征

天气类型	三体散射		旁瓣回波		有界弱回波		回波悬垂		V 型缺口	
	次数	比例(%)	次数	比例(%)	次数	比例(%)	次数	比例(%)	次数	比例(%)
西北气流型	7	26.9	10	38.5	10	38.5	16	61.5	3	11.5
低槽型	11	35.5	15	48.4	4	12.9	19	61.3	2	6.5
低涡型	5	27.8	5	27.8	7	38.9	11	61.1	2	11.1

3.1.3　雷暴大风雷达回波特征

甘肃省雷暴大风通常与冰雹相伴出现,当一次强对流天气过程中既有冰雹、大风,又有短时强降水时,其在雷达上通常表现为大范围强回波,有时甚至为多单体线性风暴、飑线或超级单体。

当出现区域性大范围雷暴大风伴冰雹混合型强对流时,大部分受多单体线性对流风暴或飑线影响,反射率因子为 45~55 dBZ 的带状回波,有时呈弓形(图 3.6c);因地形等因素影响,在强回波前有时会有阵风锋(图 3.6a),雷暴大风出现在强回波的前侧;速度图上,看不到明显的中层径向辐合及低层的辐散,但中低层存在大风速带(图 3.6b,d)。

当为局地雷暴大风、大冰雹混合型强对流时,大部分为单体风暴或超级单体风暴,回波多成团状,最大反射率因子多在 60 dBZ 以上,有 V 型缺口、旁瓣回波、三体散射等大冰雹的特征;速度图上有中层径向辐合、低层辐散的特征。

总体而言,多单体线性风暴及飑线容易引起雷暴大风,而普通单体风暴容易降冰雹,超级单体一般短时强降水、雷暴大风、冰雹都有可能在同一地区发生(如 2020 年 5 月 6 日卓尼)。大范围的雷暴大风的回波形态大多为有弓形的带状回波,而冰雹伴随的局地大风回波形态多为团状。大范围雷暴大风的反射率因子多在 50 dBZ 左右,而冰雹尤其是大冰雹基本在 60 dBZ 以上。

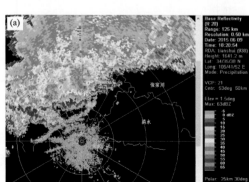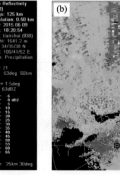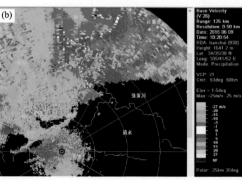

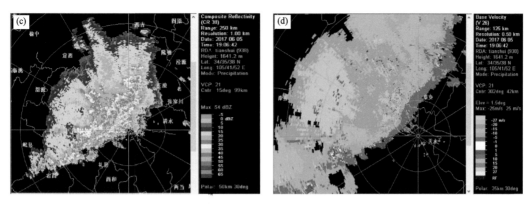

图 3.6　混合型强对流雷达回波特征
(a.1.5°仰角基本反射率;b、d.1.5°仰角径向速度;c.组合反射率)

3.2　闪电资料在强降水监测中的应用[3]

闪电是发生在雷暴云内部、雷暴云之间和雷暴云与地面之间的击穿和放电现象。随着社会经济的发展,高层建筑增多,高技术设备、微电子元器件的大量使用,雷电造成的经济损失和人员伤亡日益严重。作为人类面临的重要自然灾害之一,雷电灾害逐渐被人们所重视。为促进雷电事业的发展,近年来各部门加强了对全国闪电监测站网的建设,特别是在一些重点地区安装了雷电定位系统。闪电观测资料的有效利用存在两个重要的基础:第一,利用丰富的、多元的闪电观测资料,研究不同天气过程中闪电活动发生、发展和演变特征。第二,通过闪电观测资料对比闪电活动与其他灾害性天气如降雨、降雹、大风、龙卷等的相关关系,从而提出闪电指示强天气、参数化降水的方法和技术,这不仅为闪电资料的应用拓宽了更新、更为广阔的领域,而且通过新的闪电观测资料的应用,也势必提高气象业务所关注的强天气的预报水平。

通过分析甘肃中部地区 12 次短时强降水天气过程(表 3.3)的闪电分布特征,初步得到一些闪电和短时强降水的对应关系。

表 3.3　12 次强降水天气过程概况

过程时间	降水落区	最大小时雨强(mm/h)	最大小时闪电频数(次/100 km²)
2008-07-20	临夏、兰州	28	35
2010-07-16	临夏、白银	25	34
2010-07-22	兰州、临夏、定西	34	44
2010-08-07/08	兰州、临夏、定西、白银	54	55
2010-08-10/11	临夏、定西	50	51
2010-09-01	临夏、定西	25	31
2011-08-15	兰州、临夏、定西、白银	47	48
2012-07-08	兰州、临夏、定西	24	32
2012-07-29/30	兰州、白银、临夏、定西	46	59
2013-07-03/04	定西、白银、临夏、甘南	46	35
2013-07-08/09	兰州、白银、临夏、定西	34	14
2013-08-10/11	临夏、甘南	64	39

3.2.1 短时强降水过程的闪电极性

某一测站的短时强降水都是由其上空具有一定尺度大小的中尺度云团或者云系造成的,为了解形成短时强降水的云团或云系上的闪电极性及与短时强降水的相关性,选取测站周围一定范围内闪电情况来进行统计分析,根据强降水云团尺度一般具有几十千米到几百千米的特点,闪电统计范围确定为测站周围 50 km,即测站上空大约 100 km 范围降水云图或云系上的闪电。通过分析 12 次短时强降水过程的闪电分布情况发现(表 3.4),在所有的短时强降水过程中闪电以负闪占绝大多数,最多占到 96.31%,正闪发生的数目极少,所占比例不到 20%,且大部分集中在 10% 以下,最少仅占闪电总数的 3.69%。结合表 3.3 对比分析发现,正闪比例与降水强度成较好的正相关,正闪比例越大降水量越大,反之越小。

表 3.4　12 次个例的闪电基本情况

过程时间	闪电频数(次)	正闪频数(次)	正闪比例(%)	负闪比例(%)
2008-07-20	2142	83	3.87	96.13
2010-07-16	1039	74	7.12	92.88
2010-07-22	352	13	3.69	96.31
2010-08-07/08	2709	253	9.34	90.66
2010-08-10/11	1767	115	6.51	93.49
2010-09-01	959	93	9.70	90.30
2011-08-15	1283	50	3.90	96.10
2012-07-08	325	15	4.62	95.38
2012-07-29/30	2159	312	14.45	85.55
2013-07-03/04	468	38	8.12	91.88
2013-07-08/09	98	6	6.12	93.88
2013-08-10/11	1711	321	18.76	81.24

以 2012 年 7 月 29—30 日过程为例,详细分析强降水天气闪电活动特征。从 7 月 29 日 21 时降水云团进入兰州雷达观测范围,至 7 月 30 日 03:24 云团基本消散,在回波覆盖范围内共探测到闪电 2159 次,在较短的时间间隔中,发生闪电数目之多、闪电位置之集中,足以说明此次强降水天气系统强度之大。分别统计每时段闪电总数、正负闪数,制作成闪电活动序列图(图 3.7)。结合雷达探测资料和天气实况,可以将此次雷暴过程分为 2 个小的过程,第 1~31 时段为从兰州雷达测站北部进入的降水云团的闪电活动演变过程(雷暴 A),第 32~64 时段为从兰州雷达测站西部进入的降水云团的闪电活动演变过程(雷暴 B),将 2 个过程划分为 3 个阶段:发展阶段、成熟阶段和消散阶段。据此第 1~16 时段为雷暴 A 的发展阶段,第 17~30 时段为成熟阶段,31 时段为消散阶段,这里消散阶段仅有 1 个时段是由于雷暴 A 在消散时雷暴 B 已经开始发展,二者闪电频数相互叠加,故只取该时段为消散阶段,叠加时段作雷暴 B 的发展阶段处理(第 32~37 时段),第 38~47 时段为雷暴 B 的成熟阶段,此后为其消散阶段。在雷暴 A 的发展阶段(21:00—22:42)闪电频数变化趋于平稳状态,闪电频数平均为 25 次/6 min,正闪频数也很少,只探测到 39 个正闪,占此时间段闪电总数的 9%;而从第 17 个时段(22:42—22:48)开始的成熟阶段,闪电频数出现小幅跃增,至第 30 时段一直维持在较高闪电

频数(22:42—00:00);此时段以后闪电频数逐渐减小,到第 32 时段(00:06—00:12)降至最小,仅发生 16 次闪电,正闪发生 6 次,为雷暴 A 的消散阶段;随着雷暴 B 逐渐移入雷达观测范围并逐渐发展,之后闪电频数快速增加,第 41 时段达到整个计算时间区间闪电频数峰值,达 103 次,其中正闪 22 次,第 42~47 时段(01:06—01:42)闪电频数较第 41 时段有快速减小,但还维持高值,第 38~47 时段闪电频数平均值为 65 次/min,正闪频数为 11 次/min,这比前 1 次高闪电频数时间段的强度要大得多,说明雷暴天气发展迅速、变化幅度大的特点;从第 48 时段(01:42—01:48)开始,闪电频数快速减小,但相对负闪,正闪频数减少速度较为缓慢。由此可以看出,正闪和负闪的频数变化在对流发展的各个不同阶段存在着很大的差异。

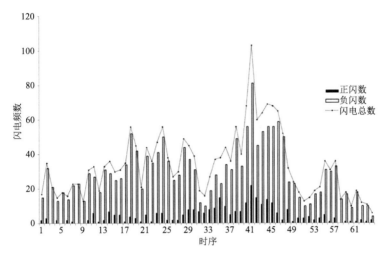

图 3.7　2013 年 7 月 29 日 21 时至 30 日 03:24 闪电频数随时间演变情况

3.2.2　闪电密度与降水分布的时间关系分析

以 2012 年 7 月 30 日和 2013 年 7 月 3 日 2 次过程为例说明闪电密度与降水量的对应关系(图 3.8)。从闪电密度上分析,2012 年 7 月 30 日过程从 00 时开始一直处在较高闪电频数,对流系统处于成熟稳定阶段,之后闪电活动出现"跃增",说明对流云体的发展很强烈,到 02 时闪电密度达到整个降水过程的峰值 59 次/(100 km^2 · h),而 02 时以后对流系统开始减弱,闪电密度快速大幅度下降,几乎减小到整个降水过程的最小值,然后逐步增加又减少,变为振荡状态并维持低值,而在降水上其变化趋势与之类似,00—02 时处于快速增多趋势,之后快速减少

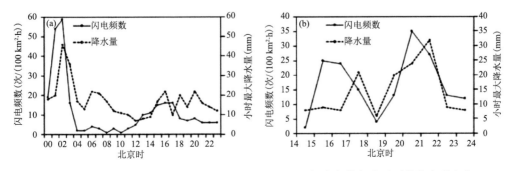

图 3.8　2012 年 7 月 30 日(a)与 2013 年 7 月 3 日(b)闪电频数与小时雨强的序列变化

且维持小值振荡,但其变化的时间落后于闪电频数的变化约 1 h。2013 年 7 月 3 日过程闪电活动的变化趋势与前一个例类似,但其闪电密度和降水量最大值均比前一个例要小一些,分析该个例中闪电密度和降水量最大值的变化,可以看出降水活动总是晚于闪电密度 1～2 h 达到最大值。

3.2.3 闪电密度与降水分布的空间关系分析

空间关系分析是把逐时的区域站降水与闪电密度叠加对比,以比较直观的方式分析二者的相关性,以 2012 年 7 月 8 日和 2013 年 8 月 10 日 2 次强降水过程为例。

图 3.9 为 2012 年 7 月 8 日降水过程中闪电密度与降水量的对比分析,可以看出当闪电密度很小时(图 3.9a,b)对应的降水量也很小,或者没有出现降水,而当闪电密度开始增多时(图 3.9c)降水站数也开始增多,且降水量级也开始增大,并且从图上可以看出闪电密度的大值区总是出现在强降水区域的前侧。

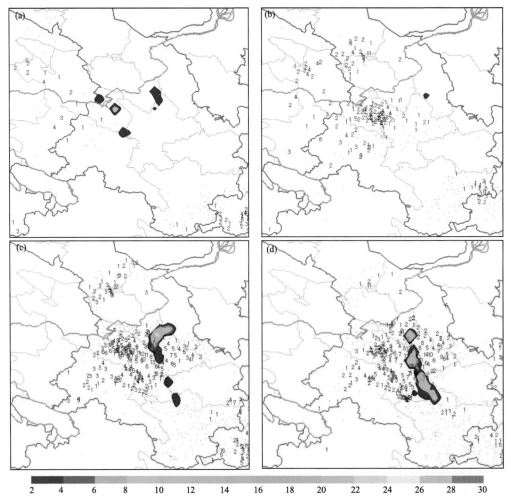

图 3.9　2012 年 7 月 8 日降水过程闪电频数(色阶,单位:次/(100 km² • h))与降水量(数字,单位:mm)对比
(a.02 时;b.05 时;c.09 时;d.11 时)

图 3.10 为 2013 年 8 月 10 日强降水过程中闪电密度与降水量的对比分析,可以看出此次过程与 2012 年 7 月 8 日过程的闪电密度和降水量时间序列变化趋势相近,都是在云体发展阶

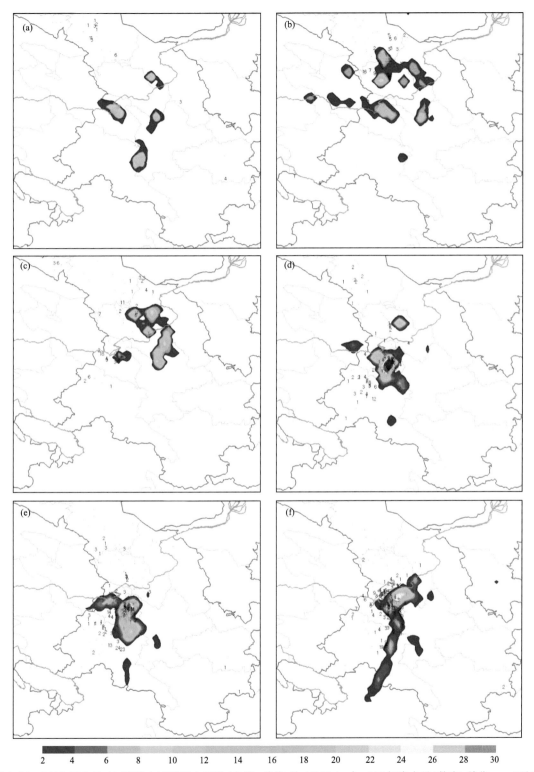

图 3.10　2013 年 8 月 10 日降水过程闪电频数(色阶,单位:次/(100 km² · h))与降水量(数字,单位:mm)对比
(a. 14 时;b. 17 时;c. 19 时;d. 20 时;e. 21 时;f. 22 时)

段闪电密度小对应的降水站点和降水量级也小,对流成熟阶段闪电密度增多,对应的降水站点和降水量级都增大。但对比闪电密度和降水强度,发现此过程比前一过程的闪电密度和降水强度均要大,并且在整个降水过程中有多站出现短时强降水,分析短时强降水的分布位置可以发现,其与闪电密度高值区有较好的对应关系,统计整个降水过程发现短时强降水常常出现在闪电密度大于 12 次/(100 km² · h)区域中或其中后侧,该现象在本研究所选的全部个例中也得到了验证,但各个过程的闪电密度阈值不是很统一,普遍分布在 9~17 次/(100 km² · h),而同时发现闪电密度大于 5 次/(100 km² · h)区域与 1 h 大于 10 mm 降水落区的对应也很好,这在统计个例中几乎得到了一致的表现。

3.2.4 闪电密度在短时强降水预警中的应用

通过前面的分析,可以将闪电密度应用到短时强降水的落区预警中,利用前面的结果总结出 1 h 大于 20 mm 短时强降水预警的指标为:1 h 闪电频数中正闪电比例小于 20%,且 1 h 闪电密度大于 9 次/100 km²;1 h 大于 10 mm 时强降水预警的指标为:1 h 闪电频数中正闪电比例小于 20%,且 1 h 闪电密度大于 5 次/100 km²。下面应用该指标,对 2012 年 5 月 20—21 日的短时强降水过程预警效果做检验分析。

5 月 20 日 19 时至 21 日 16 时,甘肃兰州、临夏、定西、甘南、陇南、天水、白银等市州部分地区出现大雨,兰州、临夏两市州局部地区出现暴雨。强降雨引发山洪,造成 4 人死亡,4 人失踪,2 人受伤,直接经济损失 7662.7 万元。选取甘肃中部地区短时强降水发生密集时段 5 月

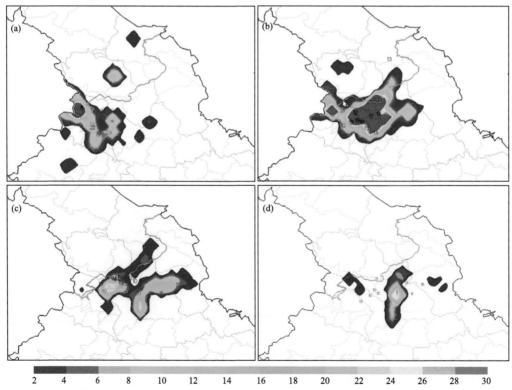

图 3.11 2012 年 5 月 20—21 日过程闪电密度(色阶,单位:次/(100 km² · h))与大于 10 mm 降水站点(数字,单位:mm)叠加(a.5 月 20 日 22 时;b.5 月 20 日 23 时;c.5 月 21 日 00 时;d.5 月 20 日 01 时)

20 日 22 时至 5 月 21 日 01 时的降水落区与闪电密度作对比检验,图 3.11 为以上 4 个时次的闪电密度与 1 h 雨量大于 10 mm 的站点叠加。从图中可以看出,5 月 20 日 22 时至 5 月 21 日 00 时的 3 个时次中基本所有的 10 mm 降水站点分布在闪电密度大于 5 次/100 km^2 的区域内,只有 5 月 21 日 01 时的对应位置稍差,而 1 h 大于 20 mm 的短时强降水站点全部分布在闪电密度大于 9 次/100 km^2 的区域内。

统计整个过程中甘肃中部地区雨强>10 mm/h 的所有站点个数(N),并获取该时间间隔中闪电密度大于 5 次/(100 km^2 · h)区域内雨强>10 mm/h 的站点个数(N_i),计算雨强>10 mm/h 的强降水预警命中率:

$$POD = \frac{N_i}{N} \times 100\%$$

同理,以闪电密度>9 次/(100 km^2 · h)为阈值,按上述方法计算出雨强>20 mm/h 的短时强降水预警命中率(表 3.5)。从检验结果看,在整个过程降水密集的 4 个时段中,应用闪电密度对雨强>10 mm/h 和>20 mm/h 的短时强降水预警准确率分别为 73% 和 100%。

表 3.5 短时强降水预警命中率统计

时间	>10 mm/h			>20 mm/h		
	总站数	预警正确站数	命中率(%)	总站数	预警正确站数	命中率(%)
22 时	10	9	90	2	2	100
23 时	14	13	93	1	1	100
00 时	24	17	71	6	6	100
01 时	7	1	14	—	—	—
平均	13.75	10	67	3	3	100

3.3 卫星观测资料在强对流监测中的应用

3.3.1 甘肃省短时强降水云型分类

狄潇泓等[4]利用 FY-2 卫星云图资料,对 2010—2015 年甘肃省 76 次短时强降水天气个例根据天气形势系统配置,结合卫星云图云型演变特征,总结提炼出 6 种典型云型特征:副高边缘型、冷锋前部型、弱冷锋前椭圆形 M$_\beta$CS 型、涡度逗点云型、冷锋尾部与南亚高压东侧叠置型、冷涡后部型。

3.3.1.1 副高边缘型

天气形势特征:主要发生在 7—8 月副高最强盛,西脊点最西、最北之时。一般情况,当副高西伸北抬,西脊点达到 32°N、110°E 以西以北时,500 hPa 有高空槽东移,槽前到副高西北侧为一致的西南暖湿气流,中低层 700 hPa 切变线更接近副高,切变线前西南风往往能达到低空急流标准,与中低层西南风相伴的是一条由四川盆地伸向甘肃河东的湿舌,中心比湿 10 g/kg 以上。垂直结构上,湿层厚度大,湿层往往能达到整个对流层高度,暖云层高度高,自由对流高度低,中低层为对流不稳定层结。中低层的暖湿平流有利于对流不稳定能量的释放,并启动抬升运动,是此类的主导因素。

云型特征:对流初生阶段,在副高控制晴空区西北侧,有宽阔的东北—西南向云带东移,云带亮温较高,在240 K以上。对流旺盛阶段,在主云带中接近副高晴空区边缘,有形状为团块状,或涡度逗点状,尺度为50~300 km不等的$M_\beta CS$、$M_\alpha CS$发展和合并,云顶亮温迅速下降,一般在3~4 h降至230 K以下,短时强降水出现,造成短时强降水的MCS生命期较长,持续4 h以上。消亡阶段,团块状、逗点状中尺度云团边缘开始模糊,云顶黑体亮温迅速增大至240 K以上。

降水特征:7月和8月在甘肃河东造成大范围短时强降水,站数一般大于20站;雨强强,通常在30 mm/h以上,有时能达到60~70 mm/h;持续时间较长,一般在12 h以上,当副高较稳定时,短时强降水过程能持续30 h以上。

典型个例:2011年7月28日短时强降水过程,陇东南和陇中共出现79站次短时强降水。28日08时副高西伸、北抬,甘肃河东处在副高西北侧西南气流中,高温高湿,500 hPa冷槽自西向东移动;700 hPa上河东比湿在8 g/kg以上,并且有低涡切变形成(图3.12a)。在同时刻平凉站探空图上可见(略),大气层结具有对流不稳定性,K指数35 ℃,沙氏指数-2.78 ℃,CAPE为137.8 J/kg。此次过程500 hPa以下偏南风较强,带来南方暖湿气流,500 hPa以上为偏西风,将西北方向冷空气向甘肃河东输送,这种结构有利于对流不稳定的加强和持续。良好的水汽、热力条件加上动力辐合抬升,对流强烈发展,形成大范围短时强降水。2011年7月28日05—07时红外卫星云图上有一条东北—西南向云带自西向东移至位于陕西到川东的副高控制下晴空区边缘,云带中镶嵌多个块状、带状$M_\beta CS$和$M_\alpha CS$。08时云团发展、合并,尤其是平凉西部的云团尺度增大,云顶亮温迅速降低,从TBB图上可见与强降水对应的云团TBB为230 K,短时强降水出现在TBB低值区的北侧(图3.12b)。09时云团进一步发展,从川东到平凉西部形成TBB的低值带,短时强降水出现在230 K线西北段。10—12时,TBB低值带缓慢东移,短时强降水仍出现在其西北侧230 K线附近。

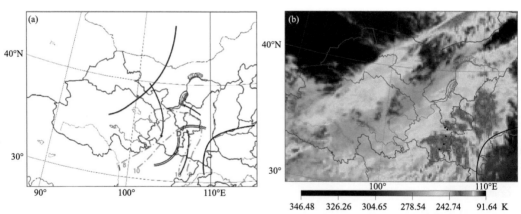

图3.12　2011年7月28日08时天气系统配置(a)及红外云图(b)(黑点表示短时强降水,下同)

3.3.1.2　逗点云型

天气形势特征:大气中低层冷暖空气势均力敌,大气具有明显的斜压性特征,此类常和高空低槽、低涡或气旋联系在一起,是冷暖平流共同作用、锋生的结果。500 hPa河西走廊有低压槽东移,与之配合的温度槽落后于高度槽,槽后西北风速较大,有时风速≥20 m/s,冷平流明显。700 hPa上锋区在33~38°N,并和500 hPa同样具有温度槽落后于高度槽的特点,等温线与等高线的交角更大,槽前西南风带来暖平流自西南向东北输送,700 hPa 比湿一般能达到 8 g/kg,冷暖平流交汇之处,锋生作用加强,锋生作用产生的强烈动力抬升作用在此种类型中最为重要。垂直方向,湿层一般在 500 hPa 以下,垂直风切变较大,特别是 0～6 km 的风切变是六种类型中最大的。这种类型 5—9 月均可发生。

云型特征:带来短时强降水的云型由大尺度涡度逗点云系形成、发展而产生。逗点云涡旋中心与低层低涡中心重合,随着低涡的发展移动而变化。云系后部为下沉的西北气流对应的无云区,前部为槽前西南气流,逗点云系处高空风与等涡度线几乎垂直,该处为强正平流涡度区,对应强的上升运动,云系稠密。初始阶段逗点云系刚形成,云系各处 TBB 较高。对流发展旺盛阶段,在正涡度平流最大处,云系强烈发展,形成逗点云系,TBB 在 3～4 h 内下降到 220 K,短时强降水随之发生。此类云型云顶亮温较低,但持续时间较短,一般持续 2～3 h 即减弱消亡。河西走廊干旱区发生的两次极端性短时强降水过程均为这种类型。

降水特征:5—9 月可在全省造成范围很大的短时强降水,短时强降水具有持续时间短、强度较大、落区分散的特点,一般持续 2～3 h,雨强在 20～50 mm/h,并且一般会伴有冰雹、雷暴大风等其他强对流天气。

典型个例:2013 年 5 月 23 日午后到夜间,甘肃河东出现大范围强对流天气,多地出现雷暴大风,短时强降水 57 站,局部地区出现冰雹。23 日 20 时,500 hPa 蒙古高原西部有较深低压槽东移,温度槽落后于高度槽,槽后冷平流明显。700 hPa 上配合有"人"字型切变,"人"字型切变东南侧为偏南风低空急流,暖湿平流显著,湿度较大,比湿在 8 g/kg 以上(图 3.13a)。从武都站探空分析可以看到(图略),08 时环境场特征是"上干下湿",垂直风切变大,K 指数只有 24 ℃,沙氏指数为 1.53 ℃,CAPE 也只有 12 J/kg;20 时高层湿度增大,强垂直风切变持续并增强,K 指数增大到 42 ℃,沙氏指数减小为 -3.16 ℃,CAPE 增加到 852 J/kg。冷暖平流势均力敌,冷暖平流交汇之处锋生作用加强,产生强烈的动力抬升。5 月 23 日 14 时红外卫星云图上,涡度逗点云系已经形成,逗点云系出现在 500 hPa 较深低压槽前,正涡度平流最大的区域。在涡度逗点云形成后,东移过程中,随着低层涡度增大,逗点云处正涡度平流加大,云系变得稠密,短时强降水正是出现在与逗点云型相对应的正涡度中心附近正涡度平流最大处(图 3.13b)。从逐时 TBB 图(略)与短时强降水叠加图可以看到,强降水出现在 220 K 线包围区域的西北部。

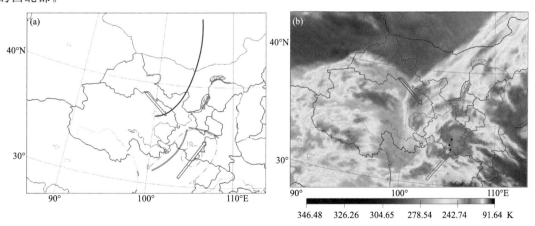

346.48　326.26　304.65　278.54　242.74　91.64 K

图 3.13　2013 年 5 月 23 日 20 时天气系统配置(a)及 14 时红外云图(b)

3.3.1.3 冷锋前强对流云带

天气形势特征:500 hPa 低压槽位置偏北,温度槽落后于高度槽,且比高度槽略深,甘肃省处于冷锋的中部到尾部,对应槽前位置,700 hPa 上西南风强盛,暖平流强且范围较大,甘肃河东大部地区比湿在 8 g/kg 以上,水汽轴处比湿能达 12 g/kg。强降水主要出现在冷锋前部的暖区中。垂直方向上,强降水区湿层在地面向上 2 km 内,大气层结为条件不稳定,0 ℃层高度较高,在 500 hPa 以上。

云型特征:对流初始阶段,地面冷锋南移时,在低层暖平流区域、冷锋云系的前部晴空区或附近明显的降压中心形成较有组织排列的点状、带状,尺度为 β 中尺度的对流云系。对流旺盛阶段,上述 $M_\beta CS$ 快速发展,约 2 h,TBB 即降至 220 K 左右,短时强降水出现。此类对流发展迅速,但持续时间较短,2~3 h 即减弱消亡。

降水特征:这一类出现次数最少,在 5—8 月出现,落区多数在陇中,陇东南偶尔也会出现,站数一般不超过 20 站,雨强较大,最大在 40~50 mm/h,持续时间较短,一般在 12 h 以内。

典型个例:以 2013 年 7 月 26 日为例,陇东、陇南及甘南午后到傍晚有 26 站出现短时强降水。26 日 08 时 500 hPa 上(图 3.14a),低压槽在河西西部到青海东部,槽前甘肃河东西南风较强,700 hPa 陇中到甘南有"人"字型切变,其前部陇东南有一支西南急流,沿急流有一条比湿大于 12 g/kg 的湿舌,并且有暖平流向北输送。地面上冷锋在河西东部,强降水区在冷锋前侧低压带中。垂直结构上,近地层具有对流不稳定。冷锋前暖区大尺度上升运动区域中,近地层西南风暖湿急流形成的中小尺度上升运动是导致此类短时强降水的关键因素。26 日红外卫星云图上,冷锋云带东移过程中,其前部暖区中,距冷锋 300 km 处,有尺度较小、直径 150 km 左右、属 $M_\beta CS$ 的块状对流云团组织排列成带状迅速发展,造成多地分散的短时强降水(图 3.14b)。

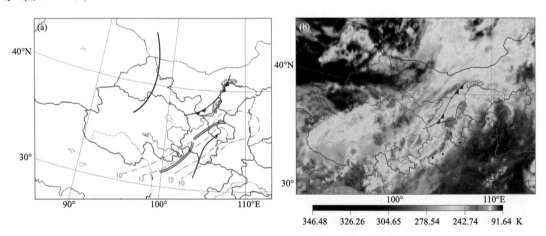

图 3.14　2013 年 7 月 26 日 08 时天气系统配置(a)及 14 时红外云图(b)

3.3.1.4 冷锋云系尾部与南亚高压东北侧叠加型

天气形势特征:当 7—8 月南亚高压在青藏高原上空呈西部型时出现。200~100 hPa 上,南亚高压中心在 32°N、90°E 附近,甘肃河东处于高压东侧脊线到其以北 5 个纬距之内。500 hPa 河西走廊有浅槽东移,700 hPa 上有较明显的东北—西南向锋区由内蒙古到河西,河西走廊冷平流显著。河东 700 hPa 比湿较大,能达到 12 g/kg。与高空锋区配合,地面冷锋东移过程中尾部进入南亚高压控制范围东北侧,在热力不稳定和午后热力对流共同作用下,对流发展。

云型特征:清晨至上午,整个青藏高原为晴空或少云区,午后,对流初生,南亚高压外围的青海东部到甘肃甘南出现许多 γ 中尺度或 β 中尺度块状、团状或逗点状对流云团。此类云型发展迅速,3～4 h 后进入对流旺盛阶段,在冷锋云带与南亚高压东北侧重叠位置,中尺度对流云系迅速发展加强,沿南亚高压外围的顺时针气流旋转、合并,形成尺度更大的云团,当云顶 TBB 降至 220 K 以下时,相应区域短时强降水开始出现。这类云型对应的 TBB 最低,有时可降至 200 K 以下,持续时间 4～5 h,形成的短时强降水日变化明显,一般午后迅速发展,入夜后迅速减弱。

降水特征:这种类型短时强降水甘肃河东各地均可出现,站数一般大于 20 站,雨强较大,在 30 mm/h 左右,但范围相对集中。如陇中出现时,陇东南不会出现,南部出现时,中部、陇东则不出现。强降水一般下午开始,入夜后迅速结束,持续时间在 12 h 之内,但也有个别个例早晨就开始。

典型个例:2013 年 7 月 7 日,午后到夜间,甘南、陇南等地出现 74 站短时强降水。如图 3.15a 所示,7 日 08 时 200 hPa 上,南亚高压为西部型,中心在 31°N、87°E,脊线在 32°N 附近,甘肃河东上空为西北急流出口区分流区。500 hPa 上低压槽在河西中部到青海湖附近,700 hPa 上锋区在河西中部,河东有暖式切变,武威以东大部分地区比湿在 8 g/kg 以上,陇东南达到 12 g/kg。地面图上,有一条冷锋经河套西部向甘肃河东延伸,尾部在甘南附近。武都站 08 时探空图上(图略),温度曲线表现为条件不稳定,在 700 hPa 附近有逆温层存在,700 hPa 以下为湿层,0 ℃ 层高度较高,在 500 hPa 附近,K 指数为 38 ℃,沙氏指数为 1.54 ℃,CAPE 为 0 J/kg,6 km 以下垂直风切变较小;20 时,高层和低层湿度均增大,湿层发展到 600 hPa,0 ℃ 层较 08 时更高,K 指数增大到 42 ℃,沙氏指数减小为 0.19 ℃,CAPE 为 74 J/kg,6 km 以下垂直风切变仍然较小。高层强辐散、低层冷空气的扰动十分有利于在上述两种条件叠置的区域出现短时强降水。7 日红外卫星云图上,与地面上冷锋对应的云带在河套西部沿黄河到青海东部一线。冷锋东移过程中,尾部进入南亚高压东侧,高空辐散区之下,高层辐散,低层辐合,沿南亚高压东侧、γ 中尺度或 β 中尺度的团、块状对流云团出现,并在顺时针旋转的过程中迅速加强、合并,TBB 降至 200～210 K,对应低 TBB 区,短时强降水出现(图 3.15b)。

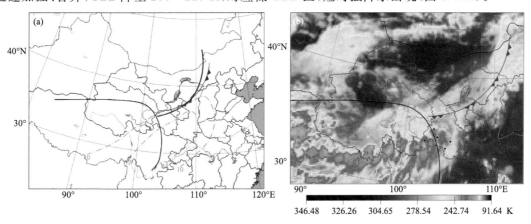

图 3.15　2013 年 7 月 7 日 20 时天气系统配置(a)及红外云图(b)

3.3.1.5 冷涡后强对流云型

天气形势特征:500 hPa 上,河套到蒙古高原有冷涡打转东移时,温度槽落后于高度槽,且略深于高度槽,一般低压槽后部为西北气流,天气晴好,白天有利于地面升温,当温度槽扫过时,在高空干冷平流影响下,冷槽附近上冷下暖,有利于出现雷暴大风、冰雹、短时强降水等强对流天气。

云型特征:河套到蒙古高原有冷涡打转时,在云图动画中可以看到冷涡的涡旋结构。一般午后对流初生,在冷涡后部出现尺度小、形状不规则、分布零散的团块状云团有规律地沿高空冷槽槽线排列,水汽图像上(图略),高空冷槽后部可见明显的干区东移。这种类型发展最迅速,1~2 h 便进入对流旺盛阶段,上述零散的云团迅速强烈发展,TBB 降至 230 K 左右,并沿冷槽组织成对流云带,伴随有短时强降水等强对流天气出现。这类持续时间亦最短,1~2 h 云系就减弱消亡。

降水特征:这一类型在 6—8 月出现,对应的强对流范围大、落区分散,天气多样,多以雷暴大风、冰雹为主,但也会伴随出现站数不如其他类型多的短时强降水,且有明显的日变化。

典型个例:2013 年 7 月 31 日,陇中于午后到傍晚出现 17 站次短时强降水,强降水时间集中,并且有冰雹、雷暴大风相伴。由图 3.16a 可见,31 日 08 时 500 hPa 蒙古高原中部冷涡发展,低压槽抵达河西东部,温度槽落后,在河西西部。700 hPa 上切变线在陇东南,陇中为反气旋环流,陇南到陇中比湿为 8 g/kg。地面上,河东受低压控制,早晨到午后升温明显。垂直结构上,大气整层垂直递减率较大,湿度较小;0 ℃高度较低,在 4~5 km 高度;垂直风切变较强。冷涡旋转,500 hPa 河西西部的冷槽迅速东移,冷槽所经之处,强对流天气发生。红外云图上,31 日上午甘肃中部为晴空,12 h 祁连山区东部有多个小块云团($M_\gamma CS$)生成,随后 2 h,在这些云团东移过程中,周围有许多小云块迅速发展,排列成有组织的云带,造成大范围的强对流天气(图 3.16b)。水汽图上(图略),与高空冷槽相伴有干区东移,对流云在干区前部生成、发展。

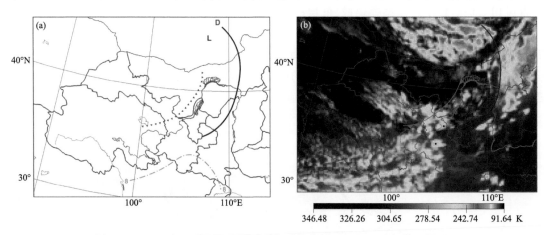

图 3.16　2013 年 7 月 31 日 08 时天气系统配置(a)及 16 时红外云图(b)

3.3.1.6 弱冷锋前椭圆形 $M_\alpha CS$ 型

天气形势特征:7 月下旬到 8 月上旬,500 hPa 上,有低压槽自新疆东移至甘肃河东,温度槽落后于高度槽,槽后有冷平流,槽前为暖平流,冷暖平流强度均较逗点云型类弱,有时副高西脊点达到 32°N、110°E 以西以北。700 hPa 上,河东有暖切变加强,最终形成低涡。700 hPa 比湿在低涡形成过程中有一个明显增大的过程,陇东南能达 12 g/kg。强降水区的探空曲线早晨 500 hPa 以下表现为锯齿状,即多逆温层,逆温层以外为条件不稳定,上干下湿,暖云层厚度较厚。傍晚,即降水出现时,整层湿度增大,层结曲线锯齿被拉平,意味着中下层逆温层减弱或消失。

云型特征:与锋面相伴的涡度逗点云或带状云东移过程中,其前部中低层涡度持续增大,低层出现气旋式环流中心,整个对流云系合并加强,形成一个椭圆形的大型云团,云顶 TBB 在 220 K(-52 ℃)以下,且冷云面积能超过 5 万 km²,即 TBB 和面积、偏心率能达到中尺度对流复合体(MCC)标准,但持续时间略短,在 4 h 或以上,故称为椭圆形 M_αCS。

降水特征:这一类型在 7—8 月出现,武威以东的大部分地区均可出现,出现次数不多,一共仅有 4 个个例,但降水强度强、落区集中、范围大、持续时间长。每一次过程出现短时强降水站数均在 50 站以上,且 30 mm/h 以上的强降水站数多。

典型个例:2013 年 8 月 6 日,甘肃河东除偏北的兰州、白银两市外,其余地区有 152 站出现短时强降水,强降水主要集中在陇南市。6 日 08 时,500 hPa 低压槽东移,河东处于槽前,700 hPa 上气流辐合明显,20 时东北风和西南风形成气旋性辐合,辐合区比湿在 8 g/kg 以上,陇南、甘南两市州在 10 g/kg 以上(图 3.17a)。从武都站探空可以看到(图略),08 时环境场特征也是"上干下湿",风垂直切变小,0 ℃层高度很高,接近 500 hPa,K 指数 38 ℃,沙氏指数为 -0.29 ℃,CAPE 达 564 J/kg;20 时 0 ℃层高度增高到 500 hPa 以上,垂直风切变略有增大,K 指数增大到 43 ℃,沙氏指数减小为 -0.5 ℃,CAPE 增加到 1171 J/kg。在 6 日红外云图上,08 时青海东部有与弱冷锋联系的松散的逗点云,在东移过程中,逗点结构瓦解,演变成松散的带状云系,到 18 时,弱冷锋前部,低层低涡中心处发展成一个椭圆形 M_αCS,20 时达到最强(图 3.17b),TBB<220 K,椭圆长轴 460 km,短轴 330 km,持续时间 4 h,略短于 MCC。

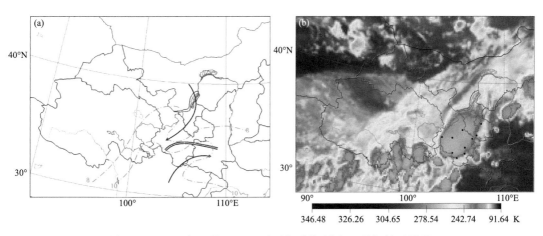

图 3.17　2013 年 8 月 6 日 20 时天气系统配置(a)及红外云图(b)

3.3.2　云顶亮温与地面降水量的关系

利用日本葵花 8 号卫星云顶亮温资料,结合地面降水资料,以地面测站为中心,将前 1 h 云顶亮温插值到站点作为该站点云顶亮温值,与对应的 1 h 降水量进行对比分析,得出 2015—2017 年 6—8 月河东地区降水过程中,云顶亮温与降水量的关系,易产生降水的云顶亮温值范围和不同阈值的云顶亮温值对应的降水量级。

　　针对甘肃省产生降水的所有云顶亮温值进行频率统计(图 3.18),发现产生降水的云顶亮温值范围较广,在 200~280 K,80%的云顶亮温值集中在 220~280 K,其中 235~265 K 占 50%以上,表明该云顶亮温范围内更易产生降水。同时也表明,降水概率并不一味随着云顶亮温值的降低而增大,在一定亮温范围外,反而随着云顶亮温的降低迅速减小,产生降水的 1h 云顶亮温差集中分布在 −20~20 K,约占 90%。

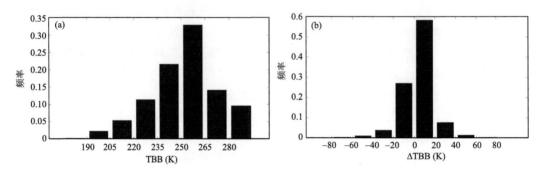

图 3.18　产生降水的云顶亮温(a)及 1 h 云顶亮温差(b)分布

　　为了更好地描述降水与云顶亮温的关系,如表 3.6 针对降水进行等级划分,并分别计算各等级对应的云顶亮温分布及其平均值。如图 3.19 和图 3.20 可见,随着降水量级的增大,可以明显看出云顶亮温差的分布逐渐向低值区转移,产生小雨及中雨的云顶亮温主要集中在 240~260 K,大雨及以上降水中 240 K 以下的云顶亮温所占频率较大,当发生短时强降水时可占所有云顶亮温值的 50%以上。1 h 云顶亮温差主要还是集中在 −20~20 K,但随着降水量级的增大也有明显地向低值区分布的趋势。

表 3.6　1 h 降水强度划分标准

等级	名称	降水强度(mm/h)
1	小雨	0.1~0.9
		1.0~1.9
2	中雨	2.0~2.9
		3.0~4.9
		5.0~6.9
3	大雨	7.0~9.9
		10.0~14.9
4	暴雨	15.0~19.9
		20.0~29.9
		≥30.0

　　通过降水的等级划分及对云顶亮温值统计平均,得到了各等级降水量与对应云顶亮温平均值的关系,如表 3.7 所示。可以看出,随着降水量级的增大,云顶亮温平均值总体来说有下降趋势,但当量级达到短时强降水以后,云顶亮温值反而升高,这可能与区域站降水资料的质量控制有关。1 h 云顶亮温差表现出了随降水量级增大持续降低的趋势。

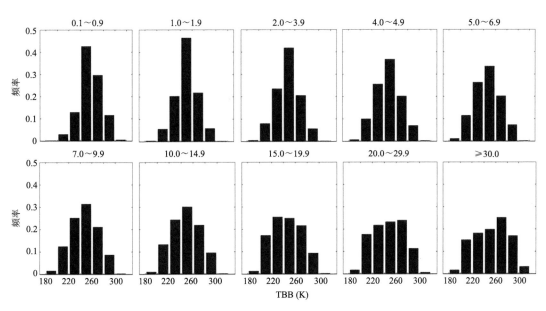

图 3.19 不同降水量级中云顶亮温分布

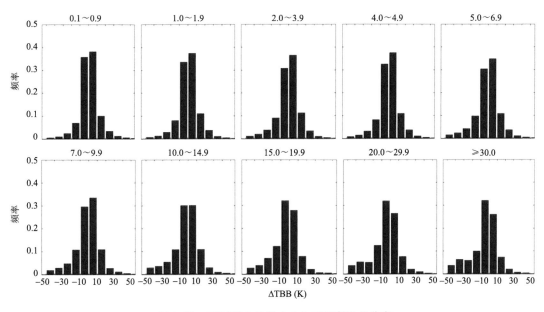

图 3.20 不同降水量级中 1 h 云顶亮温差分布

    通过上述分析可知,随着云顶亮温的降低,地面强降水出现的概率逐渐增大,因此,某一等级的云顶亮温可以作为某一云团是否可能出现降水的判别标准,即产生降水的亮温指标。通过计算云顶亮温累积频率,将累积频率大于 50% 所对应的云顶亮温作为云团是否可能出现降水的判别指标(表 3.8),各降水等级出现的云顶亮温指标均在 256 K 以下,随着降水强度的增大,亮温指标逐渐减小,但当量级达到短时强降水以后,亮温指标略有升高,这可能与前文所说的区域气象站资料有关。

表 3.7　不同降水量级中云顶亮温及 1 h 云顶亮温差平均值

降水强度(mm/h)	0.1~0.9	1.0~1.9	2.0~2.9	3.0~4.9	5.0~6.9	7.0~9.9	10.0~14.9	15.0~19.9	20.0~29.9	≥30.0
云顶亮温(K)	257.12	250.53	248.34	247.48	246.45	246.52	247.18	245.21	246.90	253.33
云顶亮温差(K)	1.05	0.54	0.30	−0.50	−1.14	−2.34	−3.76	−5.87	−7.23	−8.27

表 3.8　地面各降水等级的云顶亮温判别指标

降水强度(mm/h)	0~1.9	2.0~6.9	7.0~14.9	15.0~19.9	≥20.0
云顶亮温(K)	256	249	247	245	250

3.3.3　对流云团三维结构分析

本节主要使用 TRMM 的第七版卫星资料,其中包括测雨雷达(PR)的 2A23(降水特征)和 2A25(降水率和降水廓线)标准产品,TMI 的 1B11(辐射)和 2A12(水汽廓线)标准产品。其中 TRMM 标准资料 2A23、2A25、1B11 和 2A12 分别来自 PR 和 TMI 探测结果的处理和反演。对 2013 年 7 月 21 日青藏高原东坡强降水过程做分析,TRMM 卫星过境时间为 2013 年 7 月 21 日 21:37,轨道号为 89318,该时刻正值对流发展的旺盛阶段,利用 TRMM 卫星资料来分析这次强降水过程的三维结构、雨顶高度以及降水廓线等结构特征,以期能为丰富对青藏高原东坡强降水结构的认识提供帮助。

3.3.3.1　对流云团水平结构

TRMM 卫星通过所搭载的测雨雷达是否探测到 0 ℃层亮带以及雷达回波是否超过 39 dBZ 来判断层状云降水和对流云降水,这些降水类型数据由 2A25 资料提供。从本次过程 TRMM 卫星于 21:37 过境时探测的两种类型降水样本点分布可知(图 3.21),在降水较为集中的 34°~36°N、105°~109°E 区域中,数量较少的对流云样本被大量的层状云样本包围着,统计表明对流降水和层状云降水的样本数分别为 191 和 2579(表 3.9),二者的比约为 0.07。从

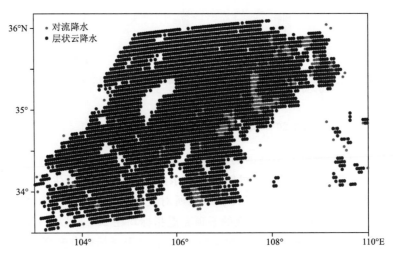

图 3.21　2A25 对流降水和层状云降水的样本分布

样本数量上看,对流降水只占总样本的 6.9%,但是对流降水的平均降水率约为层状云降水的 4.7 倍,对流降水对总降水率的贡献达到了 25.6 %。

表 3.9 TRMM 卫星降水样本数、总降水率和平均降水率

降水类型	样本数	总降水率(mm/h)	平均降水率(mm/h)
对流降水	191	1769	9.3
层状云降水	2579	5132	2.0

从 TMI 微波辐射亮温(图 3.22a)可以看出,降水云系呈西南—东北走向的片状分布,暴雨区的微波亮温均<250 K,特大暴雨中心附近还存在<190 K 的亮温区,说明处于对流旺盛阶段的降水云中非均匀分布着含量较多的冰水粒子,因为降水云中的冰水粒子含量越高,散射信号越强,微波亮温越低,并且亮温越低的区域降水越强[5-7]。考虑到青藏高原东坡的复杂地形(图 3.22b),4.5 km 高度以下地表对 PR 回波会造成干扰,因此,给出了 PR 捕捉到的 4.5 km 高度附近卫星雷达回波。对比微波辐射亮温和回波强度、降水率水平分布可知,微波亮温与回波强度、降水率分布在空间走向趋势上有很好的对应关系,即微波辐射亮温<210 K 区对应 45~50 dBZ 的强回波区(图 3.22c),同时对应 30~50 mm/h 的强降水区(图 3.22d),20~30 mm/h 强降水区对应的亮温则为 220~230 K,对应的强回波也明显减弱,为 35~40 dBZ。从图 3.22(c,d)还可以看出,降水系统的水平结构主要呈带状分布,东西长约 400 km,南北宽约 100 km,主雨带中零散分布着 3 个尺度 20~50 km 的 β 中尺度对流降水雨团(A~C),最强的降水雨团 A 位于泾川县、灵台县附近区域,中心最大小时雨强≥32 mm/h,与地面观测的主降水中心位置和雨强量级均较为一致(图 3.22e)。值得注意的是,在对流发展旺盛阶段,降水仍以大范围、强度弱的层状云降水为主,两种类型降水共同构成了此次过程的混合性带状降水雨团。

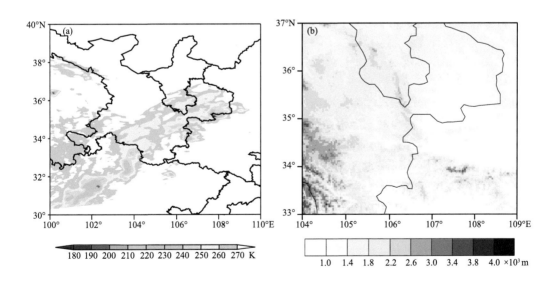

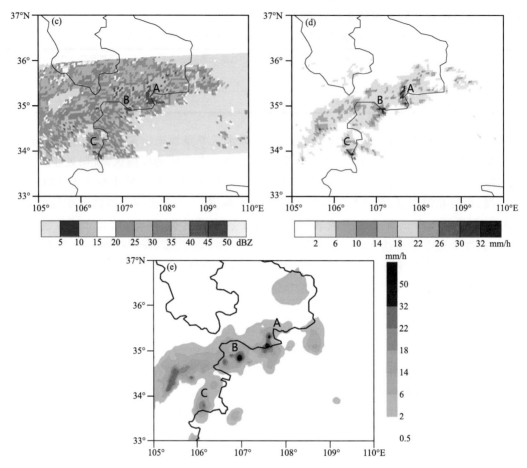

图 3.22　21 时 37 分(a)TMI 85 GHz 微波辐射亮温(单位:K)、(b)青藏高原东坡地形高度、
(c)4.5 km 反射率因子、(d)整层平均降水率及(e)21 时小时雨强分布

3.3.3.2　对流云团垂直结构

图 3.23c 是利用 2 mm/h 等降水率面给出的主雨带三维视图,与图 3.23a 区域相对应,可以直观地看出层状云降水和对流降水的分布及结构区别:主降水带中层状云降水顶部相对较为平缓,对流降水的顶部则凸起明显;主降水带中弱回波空隙也有所体现,大范围的降水云团之间存在着弱降水区甚至无降水区,造成这现象的原因可能是周围的上升运动引发的垂直环流在这些区域形成了气流下沉。

图 3.23(b,d)是 TRMM 卫星测雨雷达探测的降水云系中降水率大值中心沿 CD 和 AB所做的垂直剖面,可以看出对流降水云呈柱状自地面伸展,对流雨团顶部在 E 点附近,对流雨团 E 的雨顶的最大高度可达 12 km,除去地形高度以后强对流的雨顶高度也可以达到 10 km,说明对流雨团中垂直上升气流很强,云体被抬升至较高的高度,除此之外大部分降水的雨顶在10 km 左右。降水率垂直剖面还表明,降水率大(≥50 mm/h)的质心高度多出现在 2~6 km,这与对我国中东部地区同类强对流降水的质心高度较为接近。

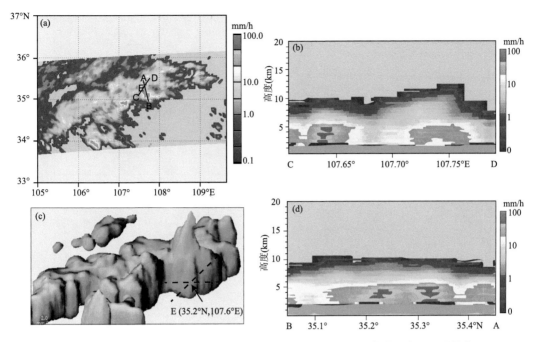

图 3.23　4.5 km 高度处降水率(a)与沿 CD 线段剖面(b);2 mm/h 等降水率面三维结构(c),
E 点为(a)中 AB 与 CD 交点 E,也是最大降水率中心在地面的投影点,及沿(a)中 AB 线段剖面(d)

作为对 TRMM 卫星探测结果的补充,对卫星探测临近和后续时次(21:38、22:00 和 22:20)的西峰地基多普勒雷达探测结果进行了分析。图 3.24 给出了 TRMM PR(图 3.24a, 21:37)和西峰雷达探测的 4.5 km 高度回波反射率因子(图 3.24b~d,探测时次分别为21:38、22:00 和 22:20)。可以看出在临近时次(图 3.24a,b),两种雷达探测到的主降水中心区域回波都呈 L 型分布(图 3.24a,b 中红色曲线标注),回波的轮廓形态和空间位置都较为一致,但二者探测的强回波面积和强度有所差异,相对于地基雷达探测结果,PR 探测的强回波中心区域面积较大且回波强度较强(约 5 dBZ)。刘黎平[8]研究指出,与地基雷达相比,TRMM PR 探测会使大于 18 dBZ 的回波面积分别增大 2%~13%,并且 TRMM PR 可在强回波中心探测到更大的反射率因子,本次个例对比结果与其研究结论一致。另外,从图中还可以看出,相对于PR 探测结果,地基雷达的水平回波形态更为清晰。对 21:38 的地基雷达 4.5 km 高度回波反射率因子做了和图 3.23 相同路径的剖面,如图 3.24e,f 所示,分别给出了沿 AB 和 CD 的反射率因子剖面,剖面路径对应图 3.24b,d。可以看出,相邻时次的地基雷达反射率因子和 PR 降水率给出的降水系统垂直结构较为相似,反射率因子和 PR 降水率的大值中心位置基本吻合;大于 30 dBZ 的回波主要集中在 2 km 以下高度,属于低质心降水回波,且在垂直方向回波无倾斜特征,在这种回波特征条件下,出现短时强降水的概率较大。地基雷达的反射率因子剖面与 PR 探测的降水率剖面结构较为一致,仅从反射率因子强度来看,强降水中心附近的回波垂直发展并不旺盛,但是 PR 则提供了更为精细和直观的降水率探测结果,有助于更好地探究强降水系统的结构特征。

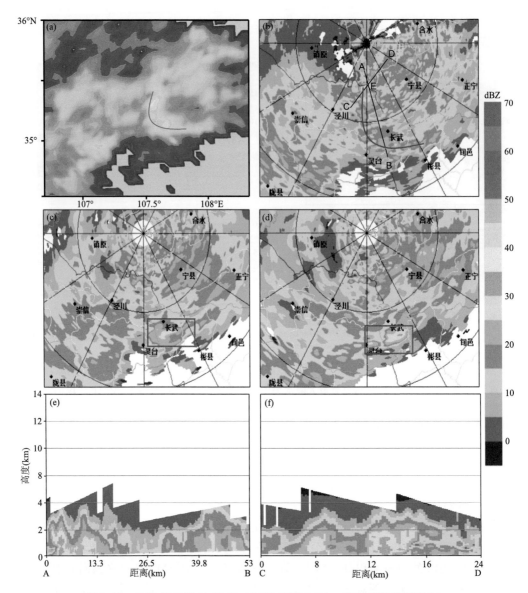

图 3.24　2013 年 7 月 21 日 21:37 PR 探测 4.5 km 高度反射率因子(a);
21:38 地基雷达探测 4.5 km 高度反射率因子(b);22:00 地基雷达探测 4.5 km 高度反射率因子(c);
22:20 地基雷达探测 4.5 km 高度反射率因子(d);沿 b 小图 AB 剖面(e);沿 b 小图 CD 剖面(f)

3.3.3.3　雨顶高度

雨顶高度是 TRMM PR 天线接收的第一个信号高度,也是降水廓线的最大高度,雨顶高度低于云顶高度,然而相对于云顶高度来说,雨顶高度能更好地反映降水系统的垂直发展程度。近地表(4.5 km 处)不同地表雨强条件下雨顶高度的变化表明(图 3.25),对流降水平均雨顶高度随地面雨强的增强而不断升高,平均雨顶的高度在 5～12 km,这与傅云飞等[9-10]的研究结论相一致,最大雨顶高度超过 11 km,与前文降水率垂直剖面给出的结果(～12 km)较为吻合,说明这一时段低层有较强的辐合上升运动,强降水系统垂直发展较为旺盛。层状云降水的雨顶高度和对流降水相比存在一定的差异,1~10 mm/h 雨强随降水率增大而升高,但雨强大于 10 mm/h 后出现随雨强增大而雨顶降低现象,与青藏高原涡层状云降水的特点一致;层状云降水的雨顶高度没有突破 7.5 km,主要分布在 6~7.5 km。

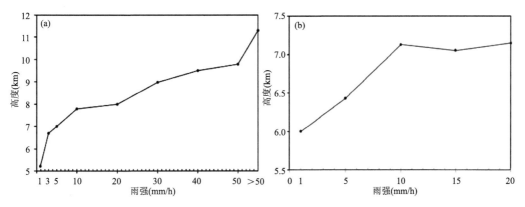

图 3.25　不同地表雨强条件下对流雨团雨顶高度(a. 对流降水;b. 层状云降水)

3.3.3.4　降水垂直廓线

选取地面雨强±0.5 mm/h 范围内的所有降水样本的垂直廓线,求其平均廓线作为该雨强对应的降水垂直廓线(图 3.26)。在对流降水中,随着高度的上升,不同地表降水率减弱最为明显的高度主要集中在 6 km 以下,降水强度随高度上升的总趋势是趋于减弱,但在一定高度(6 km 以下)范围内存在降水强度随高度增高而增大的情况,并且在多个地表雨强廓线中都有所体现,其中 50 mm/h 地表雨强廓线在 5 km 高度附近的转折最为明显,说明对流系统的垂直发展是不均匀的;对流降水的廓线最高高度主要集中在 12 km 以下。与之相比,层状云降水的垂直廓线则相对简单,层状云降水不同地表雨强的廓线整体随高度升高而减弱的趋势较为一致,主要的变化范围集中在 6~7 km 以下,在此之上,降水廓线的变化非常微弱。

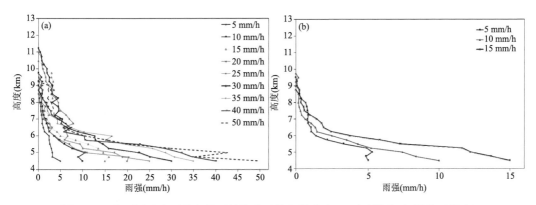

图 3.26　在不同地表雨强条件下的降水平均廓线分布(a. 对流降水;b. 层状云降水)

3.3.3.5　闪电特征[11]

利用 TRMM 卫星观测分析 2012 年 8 月 25 日甘肃省一次较强冰雹过程中的闪电特征。图 3.27 给出了闪电、6 km 高度处雷达反射率,及 6 km 高度处雷达反射率大于 35 dBZ 时有闪电和无闪电的平均雷达反射率廓线。可以看出,闪电基本发生在雷达反射率较大的强对流区域。无论有无闪电活动,6 km及以下高度的平均雷达反射率都有可能高于35 dBZ,但在不同的高度上有闪电时的平均雷达反射率均大于没有闪电时的平均雷达反射率。有闪电发生和无闪电发生的雷达反射率差值在4~10 km逐渐变大,即有闪电的平均雷达反射率垂直递减率小于无闪电的平均雷达反射率垂直递减率,意味着有闪电的区域垂直方向上可能冰相粒子更多或更大。因此,雷达反射率垂直递减率可以作为对流活动是否旺盛的指标。垂直递减率越小,说明对流发展越旺盛,越有利于产生闪电,反之,对流发展越不旺盛,越不利于产生闪电。

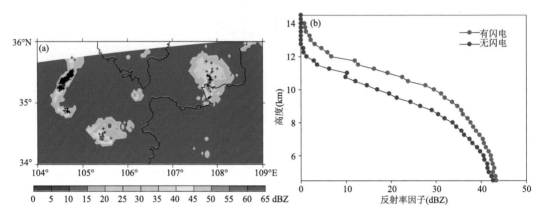

图 3.27　闪电和6 km处雷达反射率叠加图(a)(+表示闪电位置),6 km处雷达反射率大于35 dBZ时有闪电和无闪电的平均雷达反射率廓线(b)

图3.28为TRMM卫星观测的6 km高度处不同雷达反射率的闪电频数,其中图3.28a中雷达反射率为闪电发生处的值,图3.28b中雷达反射率因子为闪电发生处0.05°×0.05°区域内的最大值。可以看出,闪电活动发生处的雷达反射率分布在15~50 dBZ,范围比较广泛,峰值出现在30~35 dBZ和40~45 dBZ,其中15~35 dBZ的闪电频数占总闪电的48.5%;图3.28b中闪电频数明显向雷达反射率高值区偏移,峰值主要集中在40 dBZ以上,40~50 dBZ的闪电频数占总闪电频数的91.6%。

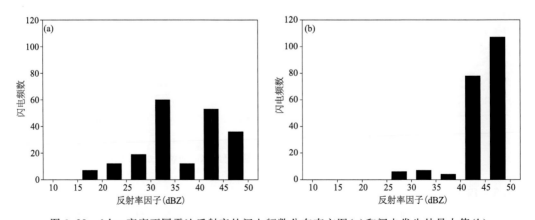

图 3.28　6 km高度不同雷达反射率的闪电频数分布直方图(a)和闪电发生处最大值(b)

参考文献

[1] AMBUM S A, WOLF P L. VIL density as a hail indicator[J]. Weather and Forecasting, 1997, 12(3): 473-478.

[2] 俞小鼎, 姚秀萍, 熊廷南, 等. 多普勒天气雷达原理与业务应用[M]. 北京: 气象出版社, 2006.

[3] 杨晓军, 刘维成, 宋强, 等. 甘肃中部地区短时强降水与闪电关系初步分析[J]. 干旱气象, 2015, 32(5): 802-807.

[4] 狄潇泓, 王小勇, 肖玮, 等. 高原边坡复杂地形下短时强降水的云型特征分类[J]. 气象, 2018, 44(11): 1445-1453.

[5] 何文英, 陈洪滨. TRMM卫星对一次冰雹降水过程的观测分析研究[J]. 气象学报, 2006, 64(3): 364-376.

[6] 傅云飞, 宇如聪, 徐幼平, 等. TRMM测雨雷达和微波成像仪对两个中尺度特大暴雨降水结构的观测分析研究[J]. 气象学报, 2003, 61(4): 421-431.

[7] 傅云飞, 刘栋, 王雨, 等. 热带测雨卫星综合探测结果之"云娜"台风降水云与非降水云特征[J]. 气象学报, 2007, 65(3): 316-328.

[8] 刘黎平. 热带测雨卫星的星载雷达和地基雷达探测回波强度及结构误差的模拟分析[J]. 气象学报, 2002, 60(5): 568-574.

[9] 傅云飞, 冯静夷, 朱红芳, 等. 西太平洋副热带高压下热对流降水结构特征的个例分析[J]. 气象学报, 2005, 63(5): 750-761.

[10] 傅云飞, 曹爱琴, 李天奕, 等. 星载测雨雷达探测的夏季亚洲对流与层云降水云顶高度气候特征[J]. 气象学报, 2012, 70(3): 436-451.

[11] 宋强, 王基鑫, 傅朝, 等. 甘肃一次冰雹过程降水及闪电活动特征[J]. 干旱气象, 2019, 37(3): 400-408.

第4章
甘肃省典型强对流天气过程分析

短时强降水天气雨量集中、强度大,在生态环境脆弱的甘肃省极易引发滑坡、泥石流等次生地质灾害,造成人员伤亡,如 2010 年 8 月 8 日舟曲特大泥石流地质灾害,造成 1481 人遇难,284 人失踪。而以冰雹为主的混合型强对流天气则会造成严重的经济损失,如 2018 年 6 月 10 日强对流天气,造成 35.7 万人受灾,直接经济损失 4.6 亿元,其中农业经济损失 2.2 亿元。本章将甘肃省强对流天气分为短时强降水和冰雹等混合型强对流两类,选取这两类天气各种大尺度环流形势的典型个例,分别从天气实况、大尺度流型、中尺度环境条件配置、卫星云图、雷达回波中尺度特征等方面进行分析,以期为预报员了解各种类型强对流天气提供参考。

4.1 短时强降水

4.1.1 2010 年 8 月 8 日舟曲局地强降水[1-4]

4.1.1.1 天气实况

2010 年 8 月 7 日 18 时至 8 日 04 时,甘肃省甘南、临夏、定西、陇南、庆阳等州市局部地区出现短时强降水天气(图 4.1a),雨量分布极不均匀,30 mm/h 以上强降水集中出现在甘南、定西、陇南三州市交界处,最大小时雨强出现在舟曲东山站 77.3 mm/h(7 日 23 时至 8 日 00 时)。图 4.1b 是舟曲县 3 个区域气象站和 1 个国家气象站的降水量实况,可以看出,此次降水在时间分布上极不均匀,东山站在 23 时和 24 时的降水量级分别属于小雨和暴雨,相邻时刻的降水量相差悬殊。同时可以发现,相邻测站在同 1 h 的降水也差别很大,武坪站和东山站在 7 日 24 时的雨强分别为 0 mm/h 和 77.3 mm/h。舟曲站(位于县城内)过程降水量仅 12.8 mm,最大降水时段出现在 8 日 00 时,为 6.8 mm/h。而县城以东约 10 km 的东山站从 8 月 7 日 22 时至 8 日 05 时降水量达 96.3 mm,比历史极值偏高 45.8%;位于泥石流发生区上游的峰迭站 7 日 22 时雨强 13.8 mm/h,23 时雨强仅 1.4 mm/h,过程降水量为 17.4 mm。

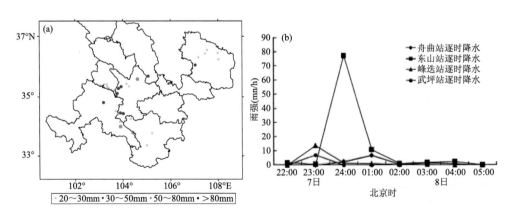

图 4.1 2010 年 8 月 7 日 18 时至 8 日 04 时短时强降水落区(a)及舟曲县国家气象站和
区域气象站逐时雨强实况(b)

这次强降雨具有明显的局地性特征,降水量级之大、突发性之强、持续时间之短,在甘南州有气象记录以来史无前例。强降雨造成舟曲县三眼峪、罗家峪等沟系出现特大泥石流地质灾害(图 4.2)。特大泥石流冲进县城,并截断白龙江形成堰塞湖,造成一半县城被淹,一个村庄整体淹没,县城 5 km 长、500 m 宽的区域被夷为平地,上千人遇难,数百人失踪,受灾 4.7 万人,直接经济损失 90 亿元[5]。

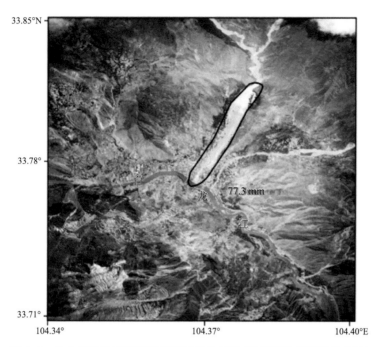

图 4.2　舟曲附近地理环境和泥石流发生区域(椭圆形为泥石流发生区)

4.1.1.2　大尺度环流形势

此次过程属于西北气流型短时强降水。8 月 7 日 08 时的 500 hPa 形势图上(图略),东亚 30°～40°N 为副热带高压带,有东西 2 个中心,西中心在青海,高度为 592 dagpm,东中心在日本;亚洲高纬度为低压槽区,有短波槽分裂东移至黄河以西 105°E 附近;7 日 20 时(图 4.3a),黄河以西的小槽发展并东移至河套加深,使得副热带高压带在 110°E 附近明显变窄,舟曲处于高压前部的西北气流中,高度约为 588 dagpm,无明显冷空气侵入(图 4.3b)。7 日 08 时 700 hPa 形势图上(图略)槽线位于黄河上游沿线,其后部锋区明显,四川盆地经陇东南的西南气流建立,甘肃陇东南到陕北 700 hPa 风速≥10 m/s;7 日 20 时(图 4.3c),甘肃中部至甘南有切变线,河东对流层低层的冷平流显著(图 4.3d)。200 hPa 形势图上(图略),7 日 08 时南亚高压中心在 80°E 附近,40°N 附近高空急流维持,急流右侧、高原东北侧、包括舟曲上空有风场辐散区;20 时南亚高压中心东移,辐散区有所扩大,青海东部、甘肃中、东部及甘南均位于辐散区之下(图 4.3e)。200 hPa 上空的辐散有利于产生抽吸作用,使低层出现上升运动。

7 日 08 时地面形势图上(图略),蒙古高原西部经河西东部到青藏高原东部有冷锋,冷锋尾部的青藏高原东部有闭合低压配合,中心为 1000 hPa,此后冷锋头部较快速地向东移动,尾部在青藏高原东部徘徊;14 时地面低压略东移,中心在玛曲附近,强度达 997.5 hPa,此时甘肃省河东大部分区域基本为一致的东南风,大部分站点风速超过 6 m/s;到 20 时,冷锋头部移至华北西部,但高原东部低压维持 997.5 hPa,甘肃中南部(除舟曲)、青海东部有雷暴发生;此时锋面移出,河东大部地区转为西北风。

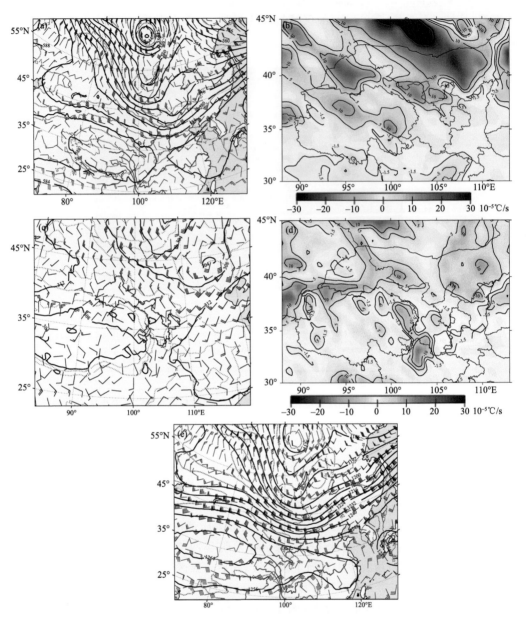

图 4.3 8 月 7 日 20 时 500 hPa 环流形势(a)、温度平流(b);700 hPa 环流形势(c)、
温度平流(d)和 200 hPa(e)环流形势场

　　由以上分析可见,此次过程前期,500 hPa 高压带强盛,西北气流控制强降雨区,700 hPa
西南风建立并发展,午后地面升温显著,使得强降雨地区储备了一定的水汽和能量;8 月 7 日
下午对流层中层仍为西北气流控制,影响系统不明显,但对流层低层 700 hPa 有切变线(尺度
较小、强度较弱),有明显冷空气侵入,当地面冷锋尾部扫过时,结合地形共同触发这一地区的
对流活动;200 hPa 南亚高压东侧的辐散气流形成抽吸效应,有助于对流系统的发展。

4.1.1.3 中尺度环境条件

舟曲在合作到武都之间,更靠近武都。从武都和合作的探空曲线图 4.4 可以看出,7 日 08 时,武都(图 4.4a)和合作(图 4.4c)上空层结稳定,沙氏指数>0 ℃,武都 K 指数为 38 ℃,仅 400 hPa 以上有不稳定能量,CAPE 值均不大,合作 40.8 J/kg,武都仅有 14.8 J/kg,而对流抑制能量合作为 425.7 J/kg,武都 622.5 J/kg。经过午后边界层强烈升温,到 20 时大气变得极不稳定,合作、武都沙氏指数变成负数,武都 K 指数增大至 43 ℃,CAPE 达 750.5 J/kg(图 4.4b);合作 CAPE 为 353.6 J/kg(图 4.4d)。

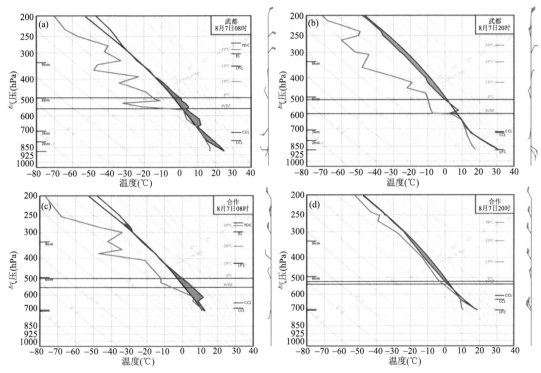

图 4.4　2010 年 8 月 7 日 08 时(a,c)和 20 时(b,d)武都站(a,b)、合作站(c,d)T-$\ln p$ 图

7 日 08 时(图略),700 hPa 四川北部到陇南为相对湿度>80% 高湿区,比湿 10~12 g/kg,远大于甘肃南部短时强降水指标;500 hPa 相对湿度较小,中层较干。20 时,700 hPa 高湿区加强并维持(图 4.5a,b);500 hPa 四川盆地到甘肃南部(包括舟曲)仍为干区(图 4.5c)。700 hPa 水汽通量辐合不强(图 4.5d)。湿层不厚,对流层低层水汽条件较好,整场 PW 仅在 30 mm 左右(图 4.5e),但仍能够满足局地强降水的水汽条件。从中尺度环境条件综合配置来看(图 4.5f),短时强降水发生区有一定的水汽和能量条件,在低层切变线的抬升作用下极易触发强对流天气。

4.1.1.4 卫星云图上中尺度对流系统的结构特征

(1)云系演变

造成这次强降雨过程的对流云团(图 4.6)从 7 日 13 时开始发展,14 时发展成分散的 γ 中尺度对流云团,16 时分散的对流云团开始合并,在甘南中部、陇南和青海东部形成 3 个 β 中尺度对流云团,到 20 时形成了一条东北—西南向的 α 中尺度对流云系,位于定西市中部到甘南

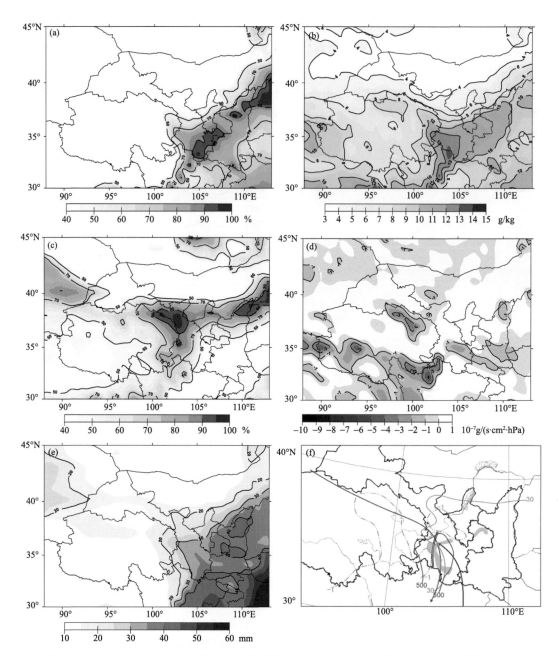

图 4.5 2010 年 8 月 7 日 20 时 700 hPa 相对湿度(a)、700 hPa 比湿(b)、500 hPa 相对湿度(c)、700 hPa 水汽通量(d)和 PW(e)、中尺度分析综合图(f)

州南部,与 700 hPa 切变线位置基本一致,这时在甘南州东北部有一正在发展的 β 中尺度对流云团向东南方向移动,21 时南移的 β 中尺度对流云团与定西市中部到甘南州南部的 α 中尺度对流云带合并,形成 MCS,对流云团向东南方移动,22 时对流云团移到迭部县东部、舟曲县北部,并在 7 日 21—22 时造成代古寺区域气象站暴雨(位于迭部县东部、舟曲县北部),之后继续向东南方向移动,并逐渐减弱,云顶亮温开始上升,对流云团的外形特征也在向南移动的过程中发生了明显的变化,由刚开始的呈东北—西南向的带状对流云系变为近于圆形的对流云团,

23 时对流云团移到舟曲县城附近,造成舟曲县城附近及东山乡的暴雨,8 日 00 时对流云团开始减弱分裂为两部分,一部分向西北方向移动,对流云团主体继续向南移动,到 02 时开始减弱为 β 中尺度对流云团,移动速度也有所加快,到 8 日 10 时移到陇南市南部并消散。

　　本次降水过程与 700 hPa 切变线配合较好,并且雨区随切变线的东南向移动而逐渐东移,降水性质为对流性降水,上游降水量级小、历时短,随着系统东移,对流云团逐渐发展,降水强度逐渐增大,但雨量分布不均,有明显的局地性。根据对流云团的发展及天气系统的变化,可以看出 700 hPa 切变线对造成这次暴雨过程的对流云团的形成、发展和维持有十分重要的作用,同时对流云系的发展、加强与两次对流云团的合并有密切关系。

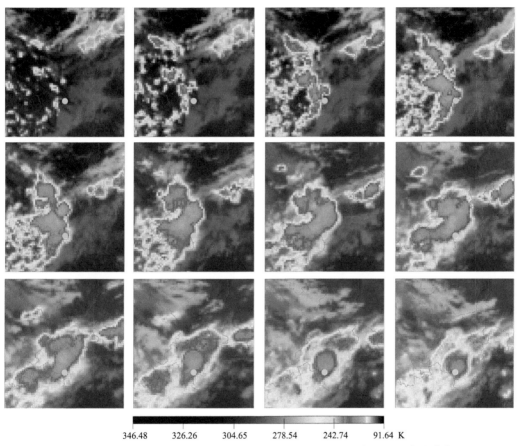

346.48　326.26　304.65　278.54　242.74　91.64 K

图 4.6　2010 年 8 月 7 日 14 时至 8 日 01 时逐时 FY-2E 红外云图(蓝点为舟曲)

（2）强降雨云团特征

　　江吉喜等[6]通过对青藏高原及周边地区对流云和中尺度对流系统的分析,将青藏高原上对流云的强度按云顶亮温值分为 4 级:即一般对流云(−54～−32 ℃),伴有雷暴的较强对流云(−64～−54 ℃),穿越对流层顶的强对流云(−80～−64 ℃)及≤−80 ℃的极强对流云。通过对造成这次暴雨过程对流云团云顶亮温变化的分析,发现 15 时青藏高原东部开始出现云顶亮温≤−64 ℃的对流云团,但范围较小,随着对流云团的迅速发展,16 时出现云顶亮温≤−80 ℃的对流云团,但仍较分散,17 时对流云团进一步发展,分散的对流云团形成了两块对流云系,对流云团中心的云顶亮温≤−90 ℃,之后对流云团进一步合并、发展、加强,并逐渐向东南方向移动,到 20 时云顶亮温≤-80 ℃和≤-90 ℃的范围达到最大(图略)。20 时之后代古寺开始出现降水,到 21 时小时降水量达 55.4 mm,之后对流云团继续向偏南方向移动,云顶亮温≤-80 ℃和≤-90 ℃的范围开始缩小(图 4.7a),22 时云顶亮温≤-80 ℃范围明显缩小(图 4.7b),23 时云顶亮温≤-80 ℃范围继续缩小,≤-90 ℃的范围消失(图 4.7c),此时东山气象站出现降水,7 日 23 时降水量达 77.3 mm/h,之后对流云团继续南移,云顶亮温继续升高(图 4.7d),降水减弱。根据云顶亮温的变化,舟曲"8·8"强降雨是在对流云团减弱的过程中发生的,并且造成强降雨的对流云团没有明显的停留,主要降水过程在 1~2 h 内完成,是这次过程与甘南州其他强降雨过程的明显区别。

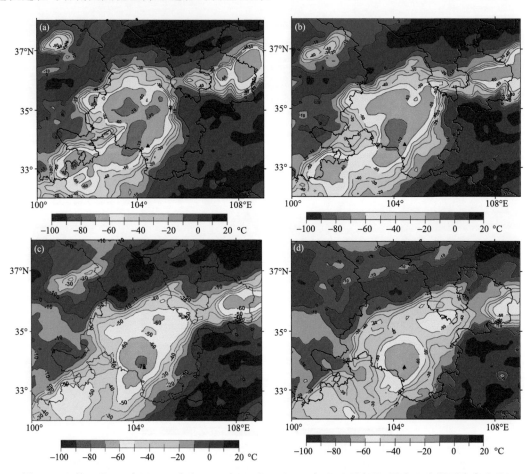

图 4.7 8 月 7 日 21 时(a)、22 时(b)、23 时(c)和 8 日 00 时(d)云顶亮温(图中▲为泥石流发生地)

(3)云团的移动与地形的作用

舟曲"8·8"强降雨是对流云系减弱后南移的对流云团造成的,根据区域气象站降水记录,降水有明显的局地性特征,舟曲强降雨是在代古寺出现强降雨 2 h 后才出现,并且对流云团在南移到达舟曲县城之前,移经的各区域气象站未出现强降水,23 时对流云团移到舟曲县城附近,造成舟曲县城附近及东山乡的强降雨后,继续南移,但移经的地区也未出现强降水,因此,局地条件在这次强降雨中也有非常重要的作用。通过对对流云团的移动路径、高空环流及当地地形分析发现,对流云团的移动除受高空引导气流的影响外,地形及由于地形造成的中小尺度天气系统(山谷风)也有非常重要的作用,从对流云团的移动路径发现,其移动方向基本与白龙江的流向一致,由于对流云团移动、发展的时间正是由谷风转变为山风的时间,白龙江两岸地形陡峻,高度相差悬殊,有利于山谷风的形成。同时根据舟曲的地面风向记录,7 日 21—23时舟曲地面风向由东南转为西北(表 4.1),形成了地面风和山风对吹,必然形成强烈的辐合,抬升河谷的暖湿空气,为对流云团的维持提供了水汽和能量,使云团在南移的过程中减弱缓慢,在有利的条件下产生了强降水。泥石流发生地的三眼峪和罗家峪位于舟曲县城东部,为典型的喇叭口地形(图 4.2),有利于水汽和能量的积聚,随着西北风倒灌进入山谷,山谷中的暖湿空气被整体抬升,不稳定能量释放,这也可能是造成这次局地强降雨的原因之一。

表 4.1　8 月 7 日 21 时至 8 月 8 日 05 时舟曲站的风速、风向

时间	21 时	22 时	23 时	00 时	01 时	02 时	03 时	04 时	05 时
风向(°)	144	154	301	342	144	160	96	124	112
风速(m/s)	3.0	1.8	5.4	2.3	3.3	3.0	1.2	1.5	1.0

同时舟曲站、峰迭与东山站的降水差别也明显反映出了这种情况(图 4.1),位于山腰的东山站(海拔高度 2161 m)的降水量明显大于位于河谷中的舟曲站(海拔高度 1400 m)和峰迭站(海拔高度 1401 m)的降水量,同时东山站出现降水的时间也要早于舟曲站和峰迭站。

根据舟曲站相对湿度和水汽压的变化(表 4.2),舟曲站是在 8 日 00 时降水出现后才出现相对湿度和水汽压的突然上升,降水出现之前相对湿度和水汽压的变化并不明显,即在降水出现之前河谷地带并无强的水汽辐合,并且降水出现时间迟于东山站降雨开始时间,这也说明这次暴雨过程的主要辐合区位于山区,并且范围比较小,与山谷风有十分密切的关系。

表 4.2　8 月 7 日 18 时至 8 月 8 日 02 时舟曲站的相对湿度和水汽压

时间	18 时	19 时	20 时	21 时	22 时	23 时	00 时	01 时	02 时
相对湿度(%)	40	43	44	45	47	53	77	86	89
水汽压(hPa)	18.0	18.3	18.0	18.1	18.5	18.8	20.0	20.2	20.1

4.1.1.5　小结

(1)这是一次西北气流型短时强降水天气过程。强降雨前期 500 hPa 高压带强盛,西北气流控制强降雨区,700 hPa 西南风建立并发展,午后地面升温显著,使得这一地区储备了一定的水汽和能量;8 月 7 日下午对流层中层仍为西北气流控制,影响系统不明显,但对流层低层700 hPa 有切变线(尺度较小、强度较弱),有明显冷空气侵入,当地面冷锋尾部扫过时,结合地形共同触发这一地区的局地强对流天气。

(2)局地强降雨是由 α 中尺度对流云团与因地形形成的小尺度系统共同作用形成的,8 月7 日 20 时 700 hPa 上位于平凉—定西—甘南中部一线的切变线对造成这次强降雨过程的对流云团的形成、发展和维持有十分重要的作用,同时对流云系的发展、加强与两次对流云团的合并有密切关系。强降雨是在对流云团减弱南移的过程中发生的,具有明显的局地性和突发性特点。

(3)强降雨对流云团的移动除受高空引导气流的影响外,地形及由于地形原因形成的山谷风也有非常重要的作用,由山谷风形成的辐合为对流云团的维持提供了水汽和能量。

4.1.2 2016 年 8 月 22 日短时强降水

4.1.2.1 天气实况

2016 年 8 月 22 日下午到夜间,祁连山区东部到兰州、临夏、甘南等市州出现强降水天气,临夏州和政县、甘南州夏河县、合作市、碌曲县降暴雨,其中碌曲县降大暴雨,最大过程降水量 123.5 mm。22 日 19 时至 23 日 03 时,武威、兰州、临夏、甘南等市州共出现 59 站次短时强降水(图 4.8),3 站次雨强>50 mm/h,最大雨强出现在 22 日 21—22 时碌曲国家气象站(71.6 mm/h)。

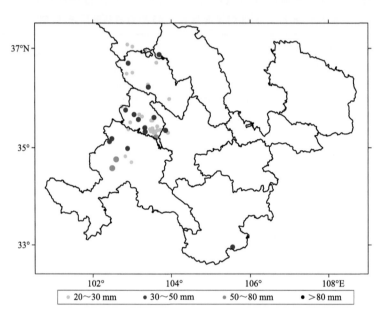

图 4.8 2016 年 8 月 22 日 19 时至 23 日 03 时短时强降水分布

4.1.2.2 大尺度环流形势

此次短时强降水过程属于高压边缘型强对流天气。200 hPa 南亚高压为东部型(图 4.9a),脊线位于 100°E 以东,高压中心位于青海南部—甘肃河东—宁夏—陕西中南部。500 hPa 上,副高 588 dagpm 等值线西脊点西伸至 90°E 附近,除新疆、东北地区外,中国大部地区处在其控制下。受高压脊阻挡,巴尔喀什湖至贝加尔湖之间有低压槽偏北东移。22 日 14 时(图 4.9b),高压中心加强为 592 dagpm,青海东南部到甘肃河东处在其控制下,强降水区正好处在其外围边缘区。700 hPa 形势图上(图 4.9c),新疆到甘肃河西有小股冷空气扩散南下,22 日 20 时,冷、暖气流在甘肃中部交汇,形成西北风与偏东风辐合,触发强对流天气。

4.1.2.3 中尺度环境条件

22 日 14 时(图 4.10a),甘肃中南部 CAPE≥500 J/kg,临夏、甘南州有 CAPE≥1000 J/kg 的中心,LI 在−3～−2 ℃。由于处在副热带高压 588 dagpm 等值线内,甘肃省一直维持高温高湿状态。8 月 1 日开始,河东大部地区 700 hPa 比湿在 12 g/kg 以上,22 日(图 4.10b),祁连山区东部到兰州、临夏、甘南一带 700 hPa 比湿增大到 13～14 g/kg,700 hPa 相对湿度≥90%,接近饱和,整层 PW≥40 mm(图 4.10c),水汽非常充沛。从合作站 T-lnp 图(图 4.10d)

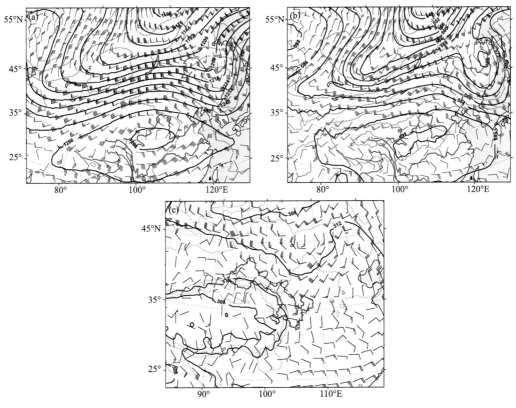

图 4.9　22 日 08 时 200 hPa(a)、14 时 500 hPa(b)和 20 时 700 hPa(c)环流形势场

可以看出,中低层(600 hPa 以下)为湿层,中层 500～400 hPa 有干空气卷入,形成"上干冷、下暖湿"的层结特征,CAPE 达 920.2 J/kg,垂直风切变较小,0～6 km 仅 3.8 m/s。此次过程强降水区维持高温高湿状态,低层北方有小股冷空气扩散南下,冷、暖气流在甘肃中南部交汇,形成西北风与偏东风辐合,触发强对流天气(图 4.10e)。

4.1.2.4　卫星云图中尺度对流特征

8 月 22 日 14 时(图 4.11a),在副热带高压边缘青海湟中有 β 中尺度对流云团 A 发展,同时在其南部有孤立的 γ 中尺度云团 B 生成。随后对流云团 B 迅速发展增强,范围扩大,与对流云团 A 相连,在青海东部形成一个新的 β 中尺度对流云团 C。16 时,临夏和政太子山有孤立 γ 中尺度对流云团 D 开始发展(图 4.11b)。对流云团 C 在东移过程中与发展加强的对流云团 D 合并,形成一个尺度较大的 β 中尺度对流云团,18 时开始影响临夏州太子山沿线到甘南州夏河县,造成 18—19 时夏河、康乐 24.7～56.6 mm/h 的短时强降水(图 4.11c、d)。该对流云团发展强盛、移动缓慢,22 日 19 时至 23 日 03 时一直在青海东南部到甘肃高原边坡附近维持,给临夏、甘南、兰州、定西等州市造成明显的短时强降水天气(图 4.11e、f)。

4.1.2.5　雷达中尺度回波特征

对流系统的移动速度、移动方向及强度决定了降水量的大小。由卫星云图的演变可知,此次降水与对流云团持续生成、发展有关。对流系统的传播受风暴内部结构以及与风暴相互作用的外部环境特征的影响,从雷达回波演变特征可以发现(图 4.12),16 时开始在降水区偏南

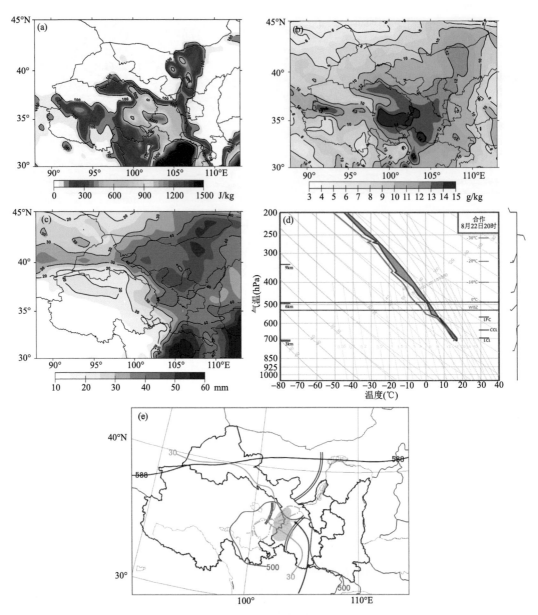

图 4.10　2016 年 8 月 22 日 14 时 CAPE(a)、20 时 700 hPa 比湿(b)、PW(c)、
合作站 $T\text{-}\ln p$(d)图及中尺度分析综合图(e)

方向有强回波形成,最强回波大于 40 dBZ,17—18 时(图 4.12a),大于 45 dBZ 的回波位于和政县西南方向,同时在临洮县一带有对流单体开始发展,在偏南风的作用下,两个单体逐渐向临夏州北部移动,造成临洮、康乐一带出现短时强降水;19 时后,位于和政县的回波逐渐减弱,而临洮县方向的回波逐渐增强有后向传播特征,径向速度图上也有明显辐合(图 4.12b,c),且维持时间较长。此后,该回波维持并缓慢北移,给甘南、临夏、兰州等州市造成强降水天气。另外,通过分析回波旺盛时的雷达反射率因子垂直剖面发现(图略),强回波中心高度低于 6 km,具有低质心暖云降水特征。

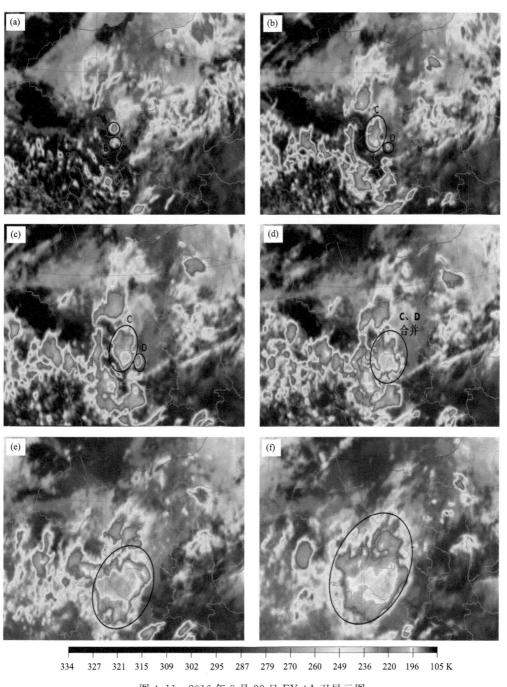

334 327 321 315 309 302 295 287 279 270 260 249 236 220 196 105 K

图 4.11　2016 年 8 月 22 日 FY-4A 卫星云图
(a. 14 时；b. 16 时；c. 17 时；d. 18 时；e. 20 时；f. 22 时)

4.1.2.6　小结

（1）这是一次高压边缘型短时强降水天气过程。500 hPa 形势图上甘肃受中心强度为 592 dagpm 高压控制，维持高温、高湿状态，短时强降水落区内 700 hPa 比湿达 13～14 g/kg，

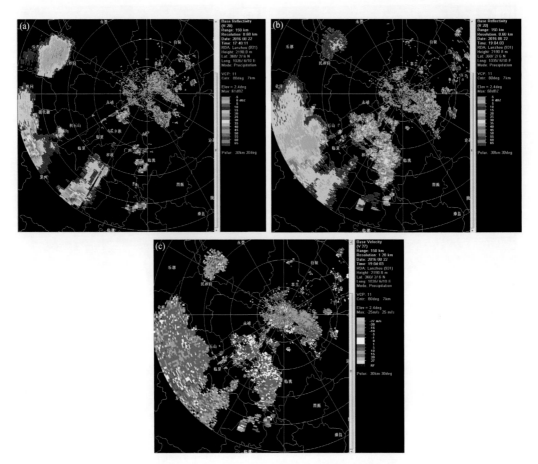

图 4.12　8 月 22 日兰州雷达 2.4°仰角回波特征
(a. 22 日 17:40 基本反射率(单位:dBZ);b. 22 日 19:04 基本反射率(单位:dBZ);
c. 22 日 19:04 径向速度(单位:m/s))

整层 PW≥40 mm。22 日 20 时 700 hPa 上新疆到甘肃河西有小股冷空气扩散南下,冷暖空气在甘肃中南部交汇,形成西北风与偏东风辐合,触发强对流天气。

(2)局地强降雨是由 β 中尺度和 γ 中尺度对流云团发展加强合并,并长时间维持在高原边坡造成的。

4.1.3　2016 年 8 月 24 日短时强降水

4.1.3.1　天气实况

2016 年 8 月 24 日 08 时至 25 日 08 时,甘肃中东部、陕西关中出现暴雨,19 个区域气象站降水量超过 100 mm,最大过程降水量 158.7 mm,暴雨主要由短时强降水形成,短时强降水集中在 24 日 18 时至 25 日 05 时,共出现 209 站次短时强降水,主要集中在定西、天水、陇南、平凉等市(图 4.13),短时强降水具有突发性、强度大、范围广等特征,最大小时雨强达 79.1 mm/h(天水武山温泉 21—22 时),呈现出典型的强对流天气特征。

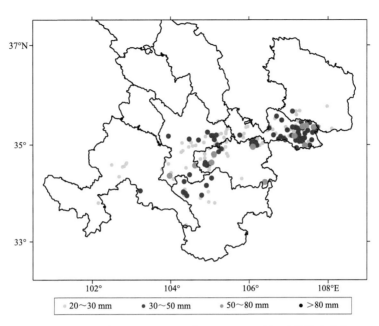

图 4.13　2016 年 8 月 24 日 18 时至 25 日 05 时短时强降水分布

4.1.3.2　大尺度环流形势

　　这次短时强降水天气属于低槽东移型。2016 年 8 月副高异常偏强,18 日副高和大陆高压打通并逐步增强,最强盛时(22—23 日),其西北边界到达甘肃河西西部、内蒙古西部。200 hPa 形势图上(图 4.14a),西北地区受南亚高压中心控制。分析 18—25 日 500 hPa 平均高度场,大陆高压异常强大,西脊点延伸到青藏高原西部,脊线呈东西向,西北地区在 588 dagpm 等值线以内。24 日 14 时青海东部—甘肃中东部—宁夏—陕西虽然位势高度依然在 588 dagpm 以上,但在青海北部有短波槽东移(图 4.14b),700 hPa 35°N 以南为较大范围温度≥12 ℃的暖区(图 4.14c),且在陇东南存在东北—西南向切变线,强降水出现在地面冷锋前部的低压倒槽内。

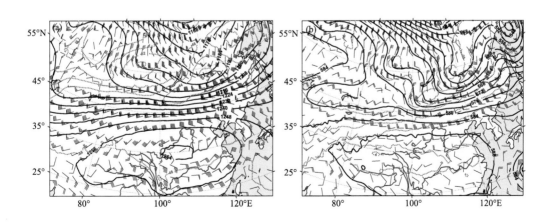

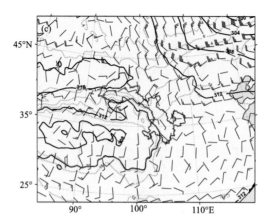

图 4.14 2016 年 8 月 23 日 20 时 200 hPa(a)、24 日 14 时 500 hPa(b)和 700 hPa(c)形势场

4.1.3.3 中尺度环境条件

(1)能量和水汽条件

强降水发生前(24 日 14 时),甘肃东南部 CAPE 超过 500 J/kg,定西市、天水市西部、陇南市大部超过 1000 J/kg(图 4.15a),LI —3～—2 ℃(图 4.15b),700 hPa 比湿达 12 g/kg(图 4.15c),PW 超过 40 mm(图 4.15d)。副高控制下,西北地区高温、高湿,大气层结不稳定,环境条件非常有利于强对流天气发生。20 时崆峒站 T-ln$p$ 图显示有较强的 CAPE(1257.3 J/kg)(图 4.15e),750 hPa 以下水汽接近饱和,400～700 hPa 有干空气卷入,温、湿度层结曲线形成向上开口的喇叭形状,"上干冷、下暖湿"特征明显,中低层风速小,700 hPa 以下风随高度顺时针旋转,有暖平流(图 4.15e)。这次过程水汽条件非常充沛且在低层 700 hPa 存在水汽辐合,在一定的不稳定能量条件下,配合较好的抬升条件触发强对流天气(图 4.15f)。

(2)中尺度对流触发[7]

在水汽和不稳定条件已具备的环境条件下,抬升强迫对强对流天气的触发至关重要,分析发现,强降水的发生与 700 hPa 低空切变线南压时地面辐合线的形成有密切联系。24 日前,尽管环境场高温高湿、大气层结不稳定,西北地区东部有一些对流降水,但没有明显冷空气的扰动,降水比较小。24 日,700 hPa 低空切变线向南移动时,冷平流显著(图 4.16a),地面风场辐合线形成,触发中尺度对流系统,中尺度对流系统开始活跃,产生对流性暴雨。分析 700 hPa 风场,17 时宁夏南部至甘肃中部出现一条长度约 220 km、方向呈东东北—西西南、东北风与西南风的切变线,位于 500 hPa 副热带高压 588 dagpm 等值线内。切变线移动过程中,其东段移速较快,20 时切变线转为东西向的横切变线压在甘肃平凉到定西一带,23 时切变线东段在六盘山东侧加深为低涡,此后低涡与切变线合并,整体南压(图略)。700 hPa 切变线的形成,导致低层动力不稳定和辐合上升明显增强(图 4.16b)。

4.1.3.4 卫星云图上中尺度对流系统的结构特征[7]

在中纬度地区,MCS 是暖季强降水的主要贡献者,分析 FY-2E 高分辨率红外云图,由 24 日 17 时至 25 日 08 时逐时对流云团的变化发现,先后有 2 个 MCS 分别造成了甘肃中部和六盘山东侧的短时强降水和暴雨。17 时,六盘山以西、位于甘肃中部的地面辐合线激发出一串

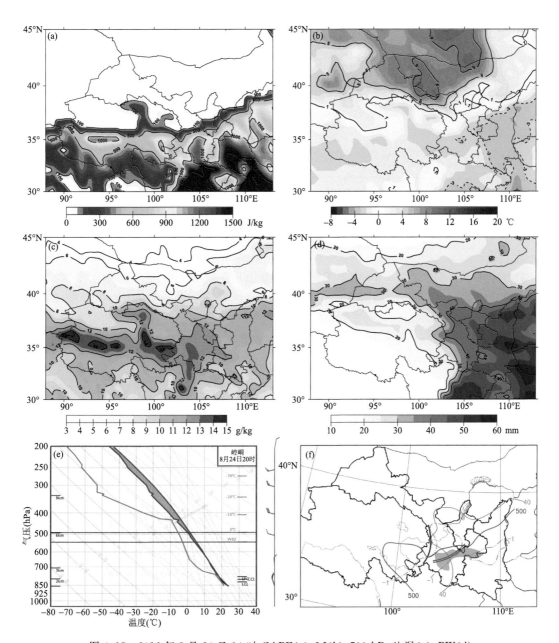

图 4.15　2016 年 8 月 24 日 14 时 CAPE(a)、LI(b)、700 hPa 比湿(c)、PW(d)
和 20 时崆峒站 T-$\ln p$ 图(e)及中尺度分析综合图(f)

孤立的小对流云团,这些孤立的对流云团沿地面辐合线分布,对流云团经过 2 h 的发展,19 时
演变为 3 个较强的对流云团(4.17a,标为 A1、A2、A3),并逐渐合并发展为 MCS(图 4.17b 中
A 云团),其生命期达 8 h。MCS 在发展过程中强度加强、范围扩大,但移动缓慢,21—23 时
是 MCS 发展最强盛的时段,在 2 h 内几乎呈准静止状态,形状呈椭圆形,由新生时孤立的 γ
中尺度对流云团发展成为 β 中尺度对流云团,给定西、天水两市带来 50～79 mm/h 的短时
强降水。

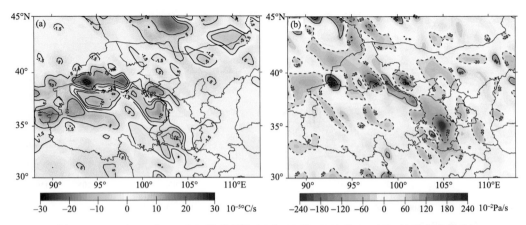

图 4.16 24 日 20 时 700 hPa 温度平流(a)和 25 日 02 时时 700 hPa 的垂直速度(b)

21 时,另一个 MCS(图 4.17 中 B 云团)在六盘山东侧发展形成,其生命期大于 9 h。追踪 B 云团逐时的变化,发现造成强降水的中尺度对流系统演变有两个阶段,第一阶段,24 日 23 时至 25 日 01 时(图 4.17c,d,e),B 云团发展成为 MCS,强度明显加强、范围明显扩大,形状基本呈圆形,强中心(云顶亮温低值区)也呈圆形,快速发展加强的 MCS 造成甘肃平凉、陕西关中西部 50~69 mm/h 的短时强降水。第二阶段,25 日 02—08 时(图 4.17f,g,h),MCS 发生变化,MCS 下风向与其前部的小云团合并加强,强中心发展为 2 个(图 4.17f),此后强中心形状发生变化,由圆形变为东西带状(图 4.17g),强中心的位置也发生变化,由云团中心变为云团下风向,即云团东侧(图 4.17h),MCS 移动方向发生改变,移动速度加快,MCS 由第一阶段的向南扩大范围变为明显的向东移动,给陕西关中中东部带来 50~70 mm/h 的短时强降水。

4.1.3.5 雷达回波图上中尺度对流系统的发展与传播[7]

(1)六盘山东侧对流系统的发展与传播

对流系统的传播受风暴内部结构以及与风暴相互作用的外部环境特征的影响[8],分析中尺度对流系统演变发现,六盘山东侧中尺度对流系统的发展与六盘山东侧地面辐合线相对应,对流系统传播方向的改变是西北地区东部特殊地形造成的。19:30 开始,大面积的层积混合回波已经在六盘山及其东侧形成,较强降水回波呈东北—西南向带状分布(图 4.18a,标注 B),最强回波>40 dBZ,回波带位于地面辐合线附近。回波带随着地面辐合线向偏南方向移动,20 时造成六盘山东侧(甘肃平凉)成片的短时强降水,小时最大降水量达 35 mm,当雷暴云开始出现强降水时,向外辐散的下沉冷空气在地面附近向外流出,冷出流边界与暖湿的环境大气之间交汇形成辐合,触发新的雷暴。雷暴冷出流边界的影响在雷达组合反射率图上表现为在回波带 B 的东南侧触发了一串新的、分散的对流单体,形成一条新的带状回波 B1(图 4.18b),与地面等温线的走向基本一致,新单体远离对流回波带 B,意味着中尺度对流系统传播速度加快,新单体取代老单体,对流回波带 B 强度减弱。19:30 至 21:30 对流回波带主体的移动方向与对流系统的传播方向一致,都向偏南方向移动,中尺度对流系统整体向南快速移动。此后,对流回波带的形状特征不再明显了,原因是当对流回波带向南移到接近关中平原时,受特殊地形影响,使对流回波带西段加强、东段减弱,对流回波带西南部又有新的对流单体出现(图 4.18c,d),新的对流单体出现的位置在关中平原西端。由地面风场加密观测分析可知,沿六盘

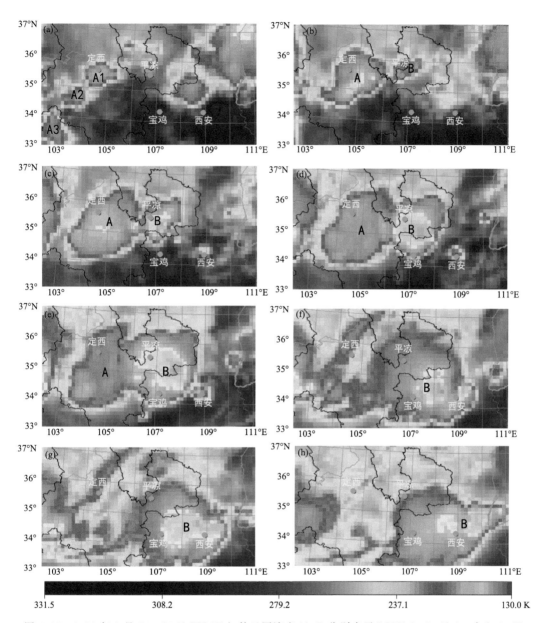

图 4.17　2016 年 8 月 24—25 日 FY-2E 红外云图演变（A、B 分别表示 MCS）（a. 24 日 19 时；b. 24 日 21 时；c. 24 日 23 时；d. 25 日 00 时；e. 25 日 01 时；f. 25 日 03 时；g. 25 日 04 时；h. 25 日 06 时）

山南下的偏北风进入关中平原西部时，改变为沿地形走向的西北风，与环境风场的偏东风形成南北向辐合线，辐合线触发了新的对流单体，辐合线后部的西北风风速增加到 8 m/s，冷空气不断从关中平原西部灌入，到 23 时在关中平原西部形成一条新的南北向的对流辐合带（图 4.18e,f,标注 C），此后对流辐合带沿地形走向自西向东移动，由 25 日 00:54 的回波演变（图 4.18g）可清楚看出，新的更强的回波单体在其东南方生成，并呈东北—西南向排列，中尺度对流系统由向南传播转为向东传播。中尺度对流系统在向东传播期间，雷暴冷出流边界与地面辐合线的共同作用使雷暴加强，在下风向触发新的对流单体，由雷达回波的演变可以看到，＞

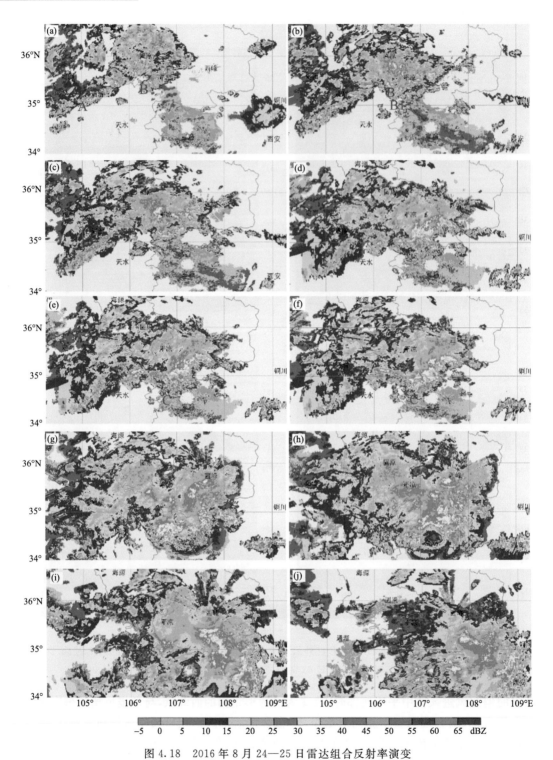

图 4.18　2016 年 8 月 24—25 日雷达组合反射率演变

(a. 19：30；b. 20：54；c. 21：30；d. 22：30；e. 22：42；f. 23：00；g. 00：54；h. 01：48；i. 03：30；j. 04：30)

50 dBZ 强回波单体总是出现在回波带 C 的东侧,中尺度对流系统继续向东传播,对流回波带 C 沿关中平原地形走向自西向东移动,造成陕西关中的强降水和暴雨。

（2）六盘山以西对流系统的演变

分析雷达组合反射率因子场的演变可知,17 时六盘山以西出现对流回波,18 时发展为长度约 140 km 的对流回波带,与地面辐合线对应,方向也呈东东北—西西南,对流回波带(图 4.18,标注 A)中对流单体结构较为松散,强度达 35 dBZ,给甘肃中部定西市造成 49.3 mm/h 的短时强降水。对流回波带整体随着地面辐合线向东南移动,影响甘肃定西、天水两市,由于对流回波带较窄,回波带的走向与其移动方向基本垂直,因此,所经之处短时强降水持续时间不是很长,如最先出现短时强降水的定西云田、降水量最大的天水武山县温泉,短时强降水持续 2~3 h,呈现出降水强度大、来势猛的强对流降水特征。

4.1.3.6　小结

（1）这是一次低槽东移型强降水过程。西北地区处在 500 hPa 副高 588 dagpm 等值线内、水汽和不稳定条件已具备的环境条件下,抬升强迫对强对流天气的触发至关重要,当低层切变线形成后,动力场的切变扰动发展到强盛阶段,有利于强对流降水天气的发生。

（2）地面辐合线对触发中尺度对流系统、造成强降水起到关键作用,雷暴单体在辐合线附近强烈发展,短时强降水伴随地面辐合线出现,整体随辐合线移动。

（3）先后有两个 MCS 在不同时间,分别造成了六盘山以西和六盘山东侧的短时强降水和暴雨。造成六盘山以西、甘肃中部短时强降水的 MCS,生命期达 8 h,在发展过程中,强度加强、范围扩大,但移动缓慢。起源于六盘山东侧的 MCS,生命期达 9 h,其发展过程中,先是强度明显加强、范围明显扩大,形状基本呈圆形,造成甘肃平凉、陕西关中西部的短时强降水;当中尺度对流系统传播发生变化,即向南传播变为向东传播,MCS 强中心分裂为两个,强中心由圆形变为东西带状,强中心的位置由云团中心变为云团下风向,MCS 移动方向改变,移速加快,MCS 由向南扩大范围变为明显的向东移动,造成陕西关中中东部的短时强降水。

4.1.4　2018 年 7 月 18 日短时强降水

4.1.4.1　天气实况

2018 年 7 月 18 日 19 时至 19 日 02 时,甘肃中部的临夏、兰州、定西、甘南等市州出现了一次强对流天气过程(图 4.19)。临夏、定西两州市局部地区出现暴雨,临夏州和政、东乡两县出现 5 站大暴雨。最强暴雨中心出现在临夏州和政县梁家寺水库,过程雨量达 157.1 mm。临夏、兰州、定西、甘南等州市共出现 84 站次短时强降水,最大小时雨强出现在临夏州东乡县那勒寺,20—21 时雨强达 82.8 mm/h。这次强降水造成东乡县 13 人死亡,3 人失踪。

4.1.4.2　大尺度环流形势

这是一次副高边缘型短时强降水天气过程。过程发生前的 2018 年 7 月 18 日 14 时,500 hPa 形势图上(图 4.20a)亚洲中高纬度地区呈两脊一槽形势,副热带高压发展强盛,其西脊点西伸至 28°N,103°E 附近,甘肃中南部处在其西北侧西南气流影响下。副热带高压西侧有暖湿气流北上,这支西南风有利于水汽输送、汇集以及不稳定能量的聚集和释放。青海东南部到甘肃高原边坡一带为深厚的低槽区,甘肃中部、甘南处于低槽前侧西南气流中。对应 700 hPa 形势图上(图 4.20b),高原东南侧有低涡生成,低涡北侧有明显的偏北气流南下,南侧为暖湿气流北上,冷暖空气交汇显著,在临夏一带形成明显的东北风与偏南风的切变。副高外围的西南气流与低涡前部的偏南气流将水汽输送到甘肃中部,在临夏形成明显的辐合。地面上从甘

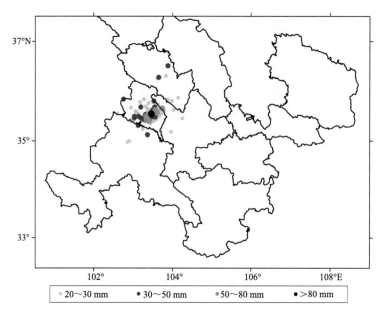

图 4.19　2018 年 7 月 18 日 19 时至 19 日 02 时短时强降水

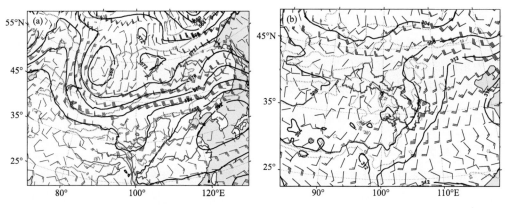

图 4.20　2018 年 7 月 18 日 14 时形势场
(a.500 hPa;b.700 hPa)

肃中部到青海东南部有辐合线生成(图略)。

4.1.4.3　中尺度环境条件

18 日 20 时,甘肃中部、甘南州和陇东 CAPE≥500 J/kg(图 4.21a),LI<−2 ℃(图 4.21b)。青海东南部到甘肃中部、甘南州 700 hPa 比湿在 11~13 g/kg(图 4.21c),PW 在 30~40 mm(图 4.21d),700 hPa 水汽通量散度达(−3~−1)×10^{-7} g/(s・cm^2・hPa)(图 4.21e)。20 时榆中站 T-ln$p$ 图(图 4.21f)显示有较强的 CAPE (1485.4 J/kg),650 hPa 以下水汽接近饱和,550~650 hPa 附近有干空气侵入,中、低层风速小,500 hPa 以下风随高度顺时针旋转,有暖平流。此次强降水发生在副高边缘、高原槽前,低层有急流,水汽和能量条件较好,在低层切变的触发下出现强对流天气(图 4.21g)。

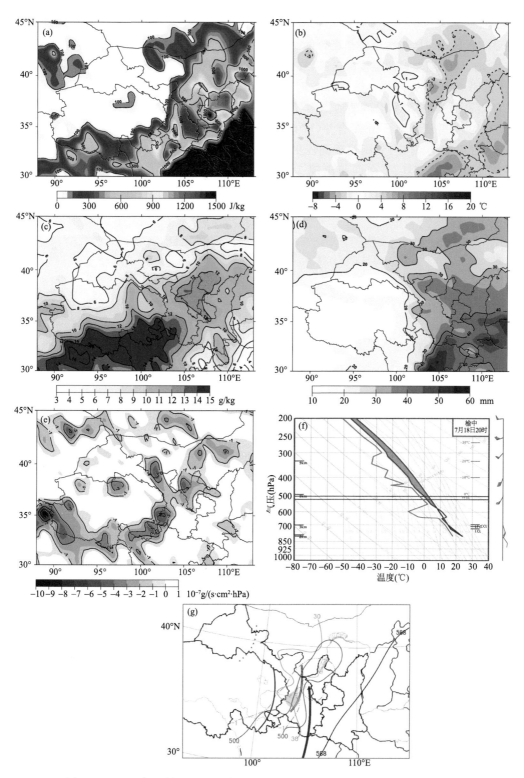

图 4.21　2018 年 7 月 18 日 20 时 CAPE(a)、LI(b)、700 hPa 比湿(c)、PW(d)、
700 hPa 水汽通量散度(e)、榆中站 $T\text{-}\ln p$ 图(f)和中尺度分析综合图(g)

4.1.4.4 卫星云图中尺度特征

7月18日08时,与高原槽相配合的逗点云系位于青海东部到甘肃河西中部(图4.22a);午后(13时开始)随着地面温度的升高,在逗点云系的尾部(四川西北部与青海交界)有β中尺度对流云团A开始发展(图4.22b);16时(图4.22c),在青海东部尖扎也有γ中尺度对流云B生成;随着高原槽的移动,沿着槽前偏南气流对流云团A发展加强,范围向北扩大;云团B也不断发展加强,并逐渐与云团A合并(17时),形成一条东北—西南向对流云带(图4.22d),18时后进入甘肃临夏、甘南;受副热带高压的阻挡,对流云带位置少动,20—23时一直在甘肃中部、甘南维持,致使临夏、甘南两州出现73站次短时强降水。23时之后,随着副高的缓慢东退,对流云带逐渐向东移动,先后影响兰州、定西两市,出现短时强降水。19日02时,云团逐渐东移减弱,强降水也随之减弱。

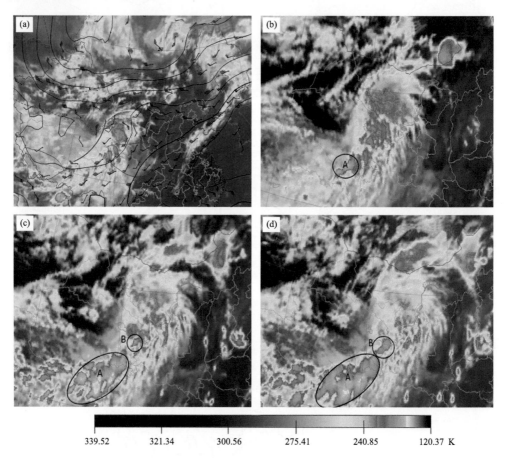

图4.22 FY-2G卫星红外云图(a.2018年7月18日08时;b.18日13时;c.18日16时;d.18日17时)

4.1.4.5 雷达回波中尺度特征

对流系统的移动速度、移动方向及强度决定了降水的大小。由卫星云图的演变可知(图4.22),此次降水与带状对流云团持续生成、发展有关。从雷达回波演变特征也可以发现,17时开始(图4.23a),在高原边坡的甘肃、青海交界处有对流单体生成、发展,回波呈团状且最强回波大于50 dBZ;17—19时(图4.23b,d),在对流单体西南方向不断有新的单体生成,具有明显的后向传播特征,回波不断增强,形成大于 40 dBZ 的东北—西南向的带状回波,这与该阶段西南急流维持并加强有关(图 4.23c)。19 时之后(图 4.23e,f),在临夏州东部有对流开始发展并不断增强,此后,该回波维持并在西南气流作用下缓慢向东北方向移动,而前一阶段的回波在逐渐向东北方向移动的过程中减弱并与新生单体合并。另外,通过分析回波旺盛时不同仰角的雷达反射率因子发现,强回波中心高度低于 6 km,具有低质心暖云降水特征;至 22 时之后,西南气流逐渐减弱,回波呈东西带状,且快速北移并减弱。总体上,两个阶段的强回波维持

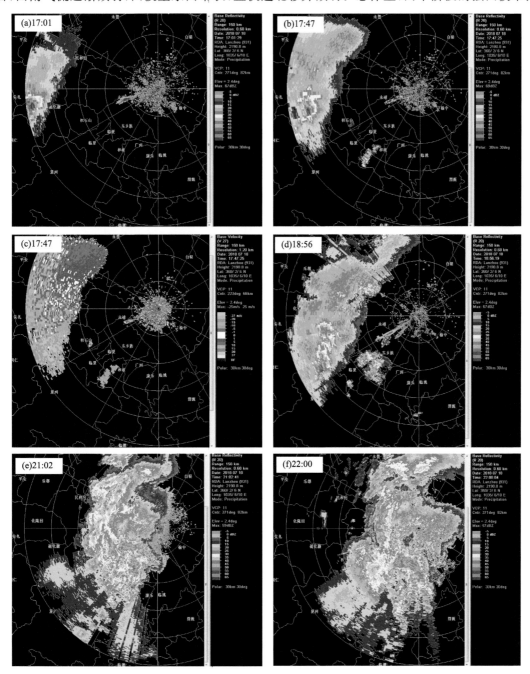

图 4.23　7 月 18 日兰州雷达 2.4°仰角基本反射率(单位:dBZ)(a,b,d,e,f)及径向速度(单位:m/s)(c)

时间较长,造成临夏、定西一带出现多站次短时强降水。

4.1.4.6 小结

(1)这是一次副高边缘型短时强降水天气过程。强降水发生前,副热带高压发展强盛并西伸至 28°N、103°E 附近,青海东南部到甘南有深厚低槽发展,甘肃中部、甘南处于副高西北侧、高原槽前西南气流中。700 hPa 青海东南部到甘南有低涡生成,冷暖空气交汇明显,20 时榆中站 CAPE 达 1485.4 J/kg,强降水出现在地面辐合线附近。

(2)局地强降雨是由 β 中尺度和 γ 中尺度对流云团发展加强合并,并长时间维持造成的雷达回波具有明显的后向传播和低质心暖云降水结构特征。

4.1.5 2019 年 8 月 2 日短时强降水

4.1.5.1 天气实况

2019 年 8 月 2—3 日,甘肃河东地区出现较大范围暴雨天气过程。定西、陇南、天水、平凉、庆阳等市出现暴雨,其中庆阳市局部地区出现大暴雨,暴雨中心出现在合水县曹家塬,过程降水量 141.5 mm,24 h 雨量达到 102.5 mm(3 日 08 时至 4 日 08 时)。另外,2 日 07 时至 3 日 11 时,定西、陇南、天水、平凉、庆阳等市共出现 166 站次短时强降水(图 4.24),最大小时雨强出现在 2 日 11—12 时(定西市漳县殪虎桥 55.1 mm/h)。

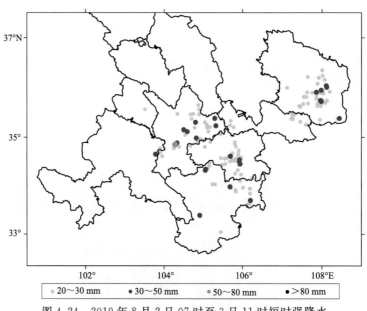

图 4.24 2019 年 8 月 2 日 07 时至 3 日 11 时短时强降水

4.1.5.2 大尺度环流形势

这是一次典型的倒槽低涡型短时强降水天气过程。过程发生前,甘肃处在西低东高的环流形势下,随后副高东退,500 hPa 青藏高原低涡东移(图 4.25a),配合 700 hPa 低涡切变线及低空急流(图 4.25b),带来一次明显降水过程。8 月 1 日 08 时 500 hPa 高空图上(图略),亚欧中高纬度地区为两槽一脊的环流形势,里海北部、东西伯利亚平原为低压槽区,中西伯利亚为高压脊区。里海北部低压槽底部有小股冷空气分裂东移,影响新疆。高原槽位于青海西部,副高西脊点位于 110°E 附近,副高西南侧海南岛有台风登陆。随后副高明显东退,西脊点东退至 118°E 左右,台风继续北上,登陆广州西南部。青藏高原槽在东移过程中发展加强为低涡,低涡前部偏南风强烈发展。2 日 08 时低涡开始影响甘肃省(图 4.25a),受其影响,甘肃河东偏南大部分地区出现了短时强降水。3 日 14 时之后低涡系统移出甘肃省,强降水趋于结束。700 hPa 图上(图略),1 日 08 时,甘肃大部分地区转为偏南气流,偏南水汽通道建立。2 日 08 时(图 4.25b),在甘肃州玛曲县附近形成一个低涡,低涡北侧有明显偏北气流南下,低涡南侧自四川盆地到甘肃河东有一支风速 >6 m/s 的西南暖湿气流北上,将水汽源源不断地向甘肃河东输送。随后低涡中心逐渐向东北方向移动,经过定西、陇南、天水等市,于 3 日 02 时到达宁夏南部到甘肃陇东地区。低涡环流前部有两支水汽输送带,一支来自四川盆地,一支来自南海台风外围偏南风急流,两支水汽输送在甘肃陇东地区形成明显的辐合,从而为暴雨的产生提供了充足的水汽条件。

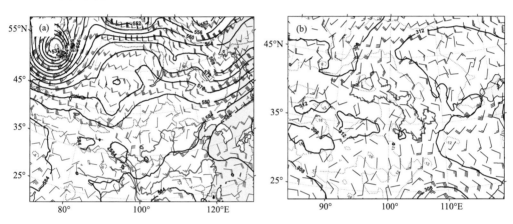

图 4.25　2019 年 8 月 2 日 08 时 500 hPa(a)和 700 hPa(b)形势场

4.1.5.3　中尺度环境条件

此次强降水过程水汽条件非常好,在 2 日 14 时甘肃河东大部地区 700 hPa 比湿在 9～11 g/kg(图 4.26a),强降水区 PW 超过 35 mm(图 4.26b),陇东南部 20 时超过 40 mm。陇东南从低层到 500 hPa 为深厚的水汽辐合层,高层为辐散区。有较好的不稳定能量条件,2 日 08 时(图 4.26c),甘肃中部、陇东和宁夏南部 CAPE≥700 J/kg,甘肃东南部 LI 为 -3～-1 ℃。整个降水过程有强的正涡度和垂直上升运动,2 日 20 时白银南部到定西 500 hPa 正涡度超过 $8×10^{-5}$/s(图 4.26d),700 hPa 定西东部垂直速度达 $-22×10^{-2}$ Pa/s(图 4.26e)。从榆中站 2 日 08 时 T-ln$p$ 图(图 4.26f)可以看出,700 hPa 以下水汽接近饱和,500～700 hPa 有干空气侵入,具有一定的不稳定能量,对流有效位能 792.7 J/kg。从 20 时中尺度分析综合图可以看出,此次短时强降水出现在一定的水汽、不稳定能量条件下,配合强的动力抬升造成的(图 4.26g)。

4.1.5.4　卫星云图特征

8 月 1 日后半夜开始,低涡云系随着其前部偏南气流逐渐东移进入甘肃境内。2 日 08 时(图 4.27),在低涡前部暖云区中碌曲北部到合作南部之间有对流云团 A 开始发展,随后该对流云团沿偏南气流向东北方向移动,造成临潭 1 h 降水达 33.9 mm。11 时在卓尼有对流云团

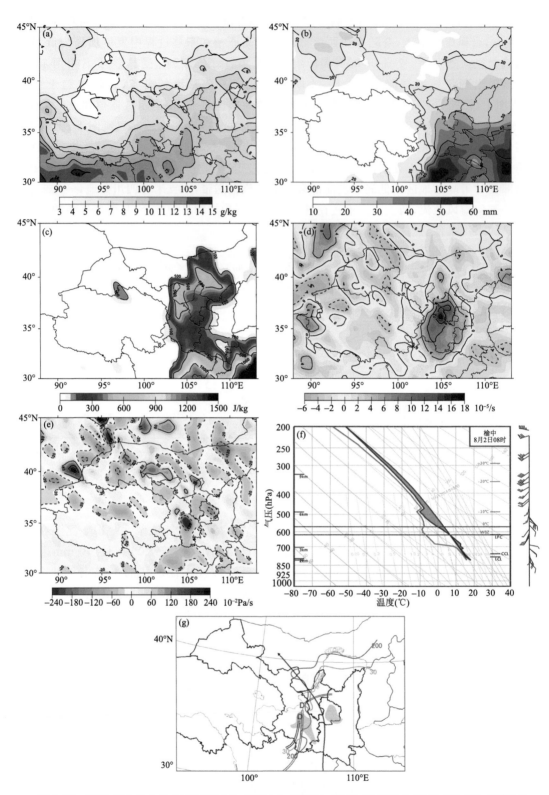

图 4.26　2019 年 8 月 2 日 14 时 700 hPa 比湿(a)、PW(b)、08 时 CAPE(c)、20 时 500 hPa 涡度(d)、
700 hPa 垂直速度(e)、榆中站 08 时 *T*-ln*p* 图(f)和中尺度分析综合图(g)

B 发展,随后缓慢东移加强,给定西市大部分地区带来短时强降水天气。18 时开始,在低涡环流东南象限,甘肃的东南部有分散性对流云团生成、发展,这些对流云团在东移的过程中造成甘肃东南部出现分散性短时强降水天气。由以上分析可知,天气尺度云系中夹杂着对流云造成了甘肃河东地区的强降水,中尺度对流云不断在甘肃河东生成,向东北方向发展增强,河东地区不断有对流云团经过造成短时强降水天气。

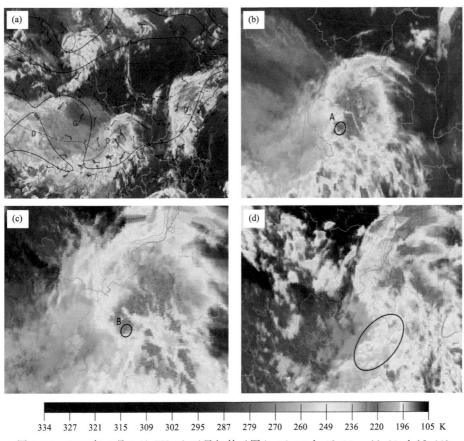

图 4.27　2019 年 8 月 2 日 FY-4A 卫星红外云图(a. 08:00;b. 08:00;c. 11:30;d. 18:00)

4.1.5.5　雷达回波特征

由卫星云图的演变可知,此次降水由分散性对流云团生成发展造成甘肃东南部短时强降水天气。由雷达回波演变可以看出,11 时开始(图 4.28a),在 700 hPa 切变线右侧的定西市东部、天水市西部一带,有大于 35 dBZ 的分散性回波发展,3000 m 以上有大于 10 m/s 的西南气流(图 4.28b),回波结构较松散,呈明显的混合性回波特征;13—16 时(图 4.28c,e),位于定西市东部的回波缓慢东移并逐渐加强,天水市南部的回波迅速加强并发展为南北向的带状回波,从径向速度上可以看出,西南气流不断增强,形成一支近 16 m/s 的西南低空急流(图 4.28d,f),在风速辐合区,不断有对流单体生成。17 时之后,位于定西市东部的回波逐渐减弱(图 4.28g),西南急流也逐渐减弱(图 4.28h),定西市大部分地区及天水市西部转为北风(图 4.28j),但天水市一带带状回波的强度仍然未减弱(图 4.28i),这与该地区高温高湿的环境条件有关。长时间的分散混合性回波造成陇东南地区出现大范围的短时强降水天气。

4.1.5.6　小结

（1）这是一次倒槽低涡型短时强降水天气过程。强降水发生前 500 hPa 青海东部有低涡发展，相应 700 hPa 有低涡倒槽，属于强动力抬升配合一定湿度能量条件造成的强降水天气过程。500 hPa 正涡度超过 $8×10^{-5}/s$，700 hPa 垂直速度达 $-22×10^{-2} Pa/s$。低涡移动缓慢，造成大范围短时强降水、暴雨天气。

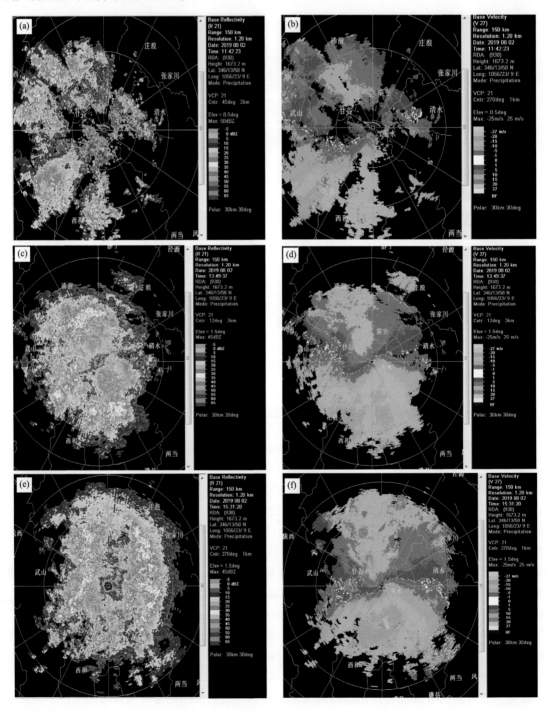

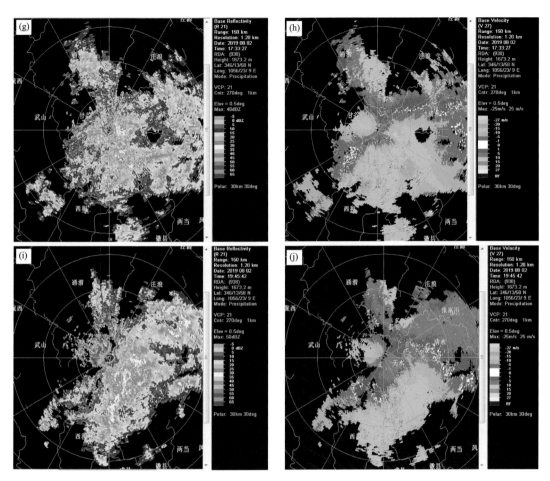

图 4.28 8 月 2 日天水雷达基本反射率(单位:dBZ)(a.11:42,0.5°;c.13:49,1.5°;e.15:31,1.5°;
g.17:33,0.5°;i.19:45,0.5°)及径向速度(单位:m/s)(b.11:42,0.5°;d.13:49,1.5°;
f.15:31,1.5°;h.17:33,0.5°;j.19:45,0.5°)

(2)卫星云图上表现为低涡降水云系中有分散性 γ 中尺度对流云团生成、发展,雷达回波上则表现为混合性带状回波的缓慢移动,而带状回波中存在若干个对流单体。

4.2 冰雹

4.2.1 2016 年 6 月 13 日冰雹过程

4.2.1.1 天气实况

2016 年 6 月 13 日冰雹主要出现在平凉、庆阳、天水、定西等市(图 4.29),降雹分别始于庆城、岷县,14 时到夜间各地相继降雹,庆阳市和六盘山西麓的静宁县、清水县一带降雹相对集中,最大冰雹直径为 40 mm,出现在清水县(表 4.3),造成直接经济损失 2.3 亿元。

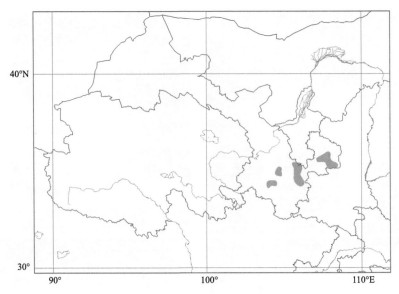

图 4.29　2016 年 6 月 13 日降雹区(阴影区)分布

表 4.3　2016 年 6 月 13 日冰雹基本情况

冰雹发生地点	冰雹直径(mm)	出现时间
庆城(乡镇)	不详	14:00
岷县(乡镇)	8	15:00
西峰(乡镇)	8	16:00
镇原(乡镇)	13	16:40
宁县(乡镇)	8	下午—夜间
正宁(乡镇)	4	下午—夜间
陇西(乡镇)	不详	19:00
庄浪(乡镇)	不详	19:50
静宁(乡镇)	不详	20:20
秦安(乡镇)	15	夜间
清水(乡镇)	40	22:00
麦积区	10	22:25

4.2.1.2　大尺度环流形势

　　13 日 08 时,500 hPa 中高纬地区有西风带经向环流,阻塞高压前部、东北低涡后部,有切断低涡(蒙古低涡)位于河套北侧的蒙古国南部,甘肃省中东部为高压脊前西北气流控制,13 日 14 时(图 4.30a)蒙古低涡及其底部高空锋区明显南压,低涡后部西北气流有转平趋势,13 日 20 时,蒙古低涡东移南压到河套北部,低涡南部偏西急流区位于河西中东部到河东一带,气流呈气旋式切变。同时,700 hPa 河东上空气流则由西西北转为偏北方向(图 4.30b),为低层冷空气向南侵入。

地面图上,13 日 08 时(图略),内蒙古西部低压变形场锋生有利于地面冷锋向南移动,地面冷锋和低压中心不断东移南压,期间,地面冷高压主体少动,位于蒙古国中西部,冷空气向南扩散,白天受辐射增温影响,呈减弱的日变化特征,地面冷锋进入甘肃中东部并移动缓慢,14时(图 4.30c),位于庆阳市北部至兰州市北部一线,20 时(图 4.30d),缓慢南压至庆阳市南部到定西市一线,主冷锋后部副冷锋发展,夜间有冷空气补充。

此次过程属河套低涡型,降雹区受低涡后部或底部冷平流影响,造成高空温度偏低有利于形成深厚的不稳定层结,同时对流层高层有急流、中层气旋涡度发展、低层有冷式切变,满足对流发展的动力条件和中尺度对流系统的触发条件。

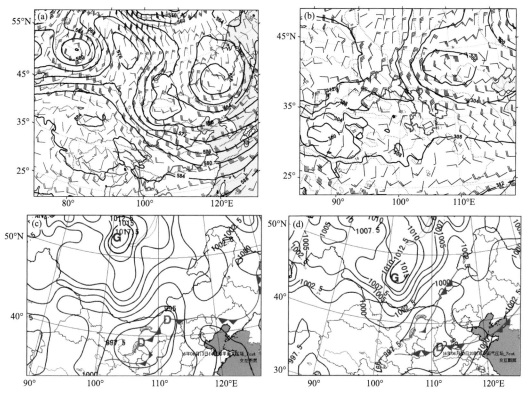

图 4.30　2016 年 6 月 13 日 14 时 500 hPa(a)、20 时 700 hPa 环流形势(b)、
14 时(c)和 20 时(d)地面形势场

4.2.1.3　中尺度环境条件

此次过程湿度满足甘肃降雹的基本条件,13 日 14 时主要降雹区 700 hPa 比湿(图 4.31a)在 6 g/kg 左右。能量条件较好,13 日白天,甘肃中东部 CAPE 处于增长状态,20 时(图 4.31b)达到最大,冰雹发生区域 CAPE 在 500 J/kg 以上,其中六盘山附近达到 1500 J/kg,相应 LI 负值中心与 CAPE 大值区基本重合,20 时不稳定能量大值区与区域性大冰雹出现的静宁县至清水县一带,具有较高的时空一致性。700 hPa 与 300 hPa 温差大于 48 ℃区域在甘肃中东部始终分布在 35N°以北(图 4.31c)。有较强的 0～6 km 垂直风切变,降雹区基本维持在16～18 m/s(图 4.31d)。

崆峒站探空(图 4.31e)表明,13 日 08 时不稳定能量已达 514 J/kg,700 hPa 以下温度递减率远小于干绝热递减率,存在对流抑制;地面湿度接近饱和,随高度上升过程中迅速降低,700 hPa 温度露点差为 22 ℃,湿层位于对流中层 500 hPa 附近,不存在中层干冷侵入;测站上空整层为西北气流,中层 500 hPa 以上风速明显增大,0～6 km 垂直风切变接近 20 m/s;0 ℃层高度为 4550 m,—20 ℃层高度为 7300 m,两者高度差为 2750 m,—20～0 ℃层厚度较低。中尺度分析表明(图 4.31f),降雹区上空对流中层 500 hPa 有温度槽,但无明显切变(高度槽),低层 700 hPa 有暖脊,形成上冷下暖的不稳定层结配置,湿度适中,比湿≥6 g/kg,在低层极有利的抬升条件下触发强对流天气发生。

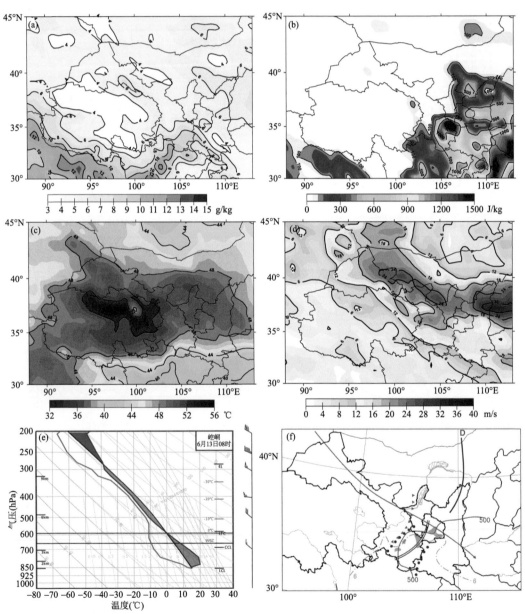

图 4.31　2016 年 6 月 13 日 14 时 700 hPa 比湿(a)、20 时 CAPE(b)、20 时 700 hPa 与 300 hPa 温差(c)、20 时 0～6 km 垂直风切变(d)、08 时崆峒(53915)T-lnp 图(e)和 20 时中尺度分析综合图(f)

4.2.1.4　卫星云图中尺度对流系统特征

从红外卫星云图上可以看到,此次甘肃中东部的冰雹过程分为两个阶段:午后分散性小冰雹阶段和傍晚到夜间大冰雹阶段。第一阶段(图 4.32a),低涡外围高层云叠加层积混合云系位于 C 处,14 时受低层暖式切变触发,B 处有对流发展;受低涡外围高空冷平流激发,A 处对流初生。此后 B 处对流呈减弱趋势,在定西市南部的岷县出现小冰雹;A 处初生对流发展较为旺盛,并呈东西带状,尺度不断增大,云顶高度不断上升,属 β 中尺度对流系统,造成庆阳市中南部区域性冰雹过程。此阶段冰雹直径普遍小于 10 mm。

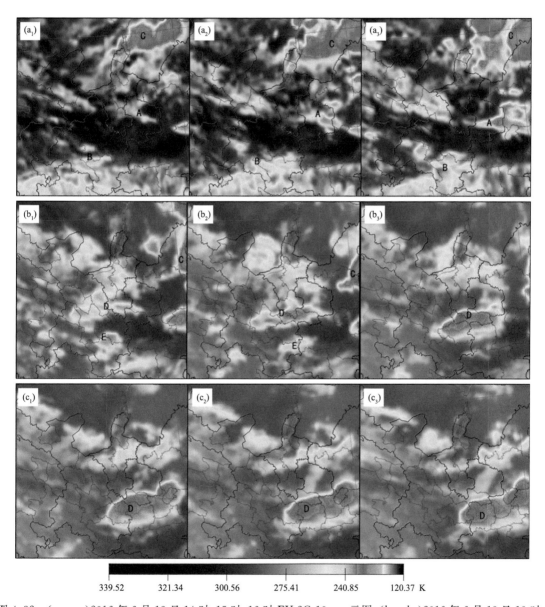

图 4.32 ($a_1 \sim a_3$)2016 年 6 月 13 日 14 时、15 时、16 时 FY-2G 10 μm 云图;($b_1 \sim b_3$)2016 年 6 月 13 日 19 时、
20 时、21 时 FY-2G 10 μm 云图;($c_1 \sim c_3$)2016 年 6 月 13 日 22 时、22:30、23 时 FY-2G 10 μm 云图

第二阶段(图 4.32b,c)的对流系统为地面偏北风推动的地面辐合线触发,19时对流云出现在以 D 点为中心的固原市、白银市南部、定西市北部一带,对流云系较为分散,之后,较松散的对流云逐渐合并,形成系统性东西带状中尺度对流系统并不断向东延伸,20时中尺度对流云系位于平凉市、天水市北部、定西市中部一带,并造成该区域局地降雹。21—23时东西带状中尺度对流系统的尾部有超级单体形成,并不断东移南压,该超级单体自静宁,经庄浪、张家川、清水等地移出甘肃,期间造成上述地区的区域性大冰雹过程。

4.2.1.5 雷达回波对流系统特征

20:10 静宁县有两个块状强回波单体迅速发展增强,呈南北排列,逐渐向东南移动,20:21 南侧的单体发展更强(图 4.33a),中心强度超过 60 dBZ,北侧单体中心强度为 55 dBZ,从径向速度来看(图 4.33b),强回波中心处存在一个 γ 中尺度涡旋,受强风暴系统的影响,静宁地区出现雷暴大风、冰雹,20:37 该系统迅速减弱消失。20:47 庄浪—张家川一带有强回波生成发展,并逐渐向南移动,21:19 强回波单体移动至秦安一带(图 4.33c),回波中心强度在 65 dBZ 以上,从径向速度图来看(图 4.33d),强回波中心处存在一个 γ 中尺度涡旋,受其影响秦安县出现冰雹。此后单体系统前侧不断触发新的对流,并发展增强与原单体合并,21:50 系统前侧出现明显的 V 型缺口(图 4.33e),V 型缺口持续三个体扫;21:55 系统中心回波强度最大超过 65 dBZ,55 dBZ 以上的回波呈现出钩状,同时在前侧 V 型缺口处存在中气旋(图 4.33f),受该系统影响,清水县出现直径 40 mm 的大冰雹。

4.2.1.6 小结

(1)此次过程属河套低涡型,降雹区受低涡后部或底部冷平流影响,造成高空温度偏低,有利于形成深厚的不稳定。对流层高层有急流、中层气旋涡度发展、低层有冷式切变,满足对流发展的动力条件和中尺度对流系统的触发条件。同时,受白天辐射增温影响,地面冷锋进入甘肃中东部后移动缓慢,20时缓慢南压至庆阳市南部至定西市一线,主冷锋后部有副冷锋发展补充冷空气。

(2)低层辐合、高空辐散、0~6 km 强垂直风切变等条件有利于对流风暴有组织性且维持较长时间;低层甘肃中东部有暖式切变,抬升条件较好。夜间不稳定能量的大值区与区域性大冰雹出现具有较高时空一致性。

(3)雷达、卫星观测表明,午后分散性小冰雹受低层暖式切变和低涡外围高空冷平流激发,对流云带呈东西带状。傍晚到夜间大冰雹为地面偏北风推动的地面辐合线触发,松散的对流云逐渐合并,形成系统性东西带状中尺度对流系统,并在尾部有超级单体形成。雷达观测到多单体风暴合并加强的过程,风暴前侧出现明显的 V 型缺口。

4.2.2 2018 年 6 月 10 日冰雹过程

4.2.2.1 天气实况

2018 年 6 月 10 日冰雹主要出现在平凉、陇南、天水等市及白银市南部(图 4.34),降雹始于崆峒、华亭一带,14—20 时各地相继降雹,六盘山东西两侧和陇南市中北部降雹较为集中,最大冰雹直径 20 mm,出现在华亭、静宁、礼县三县(表 4.4)。这次过程造成 35.7 万人受灾,直接经济损失 4.6 亿元,其中农业损失 2.2 亿元,交通运输业损失 626.2 万元。

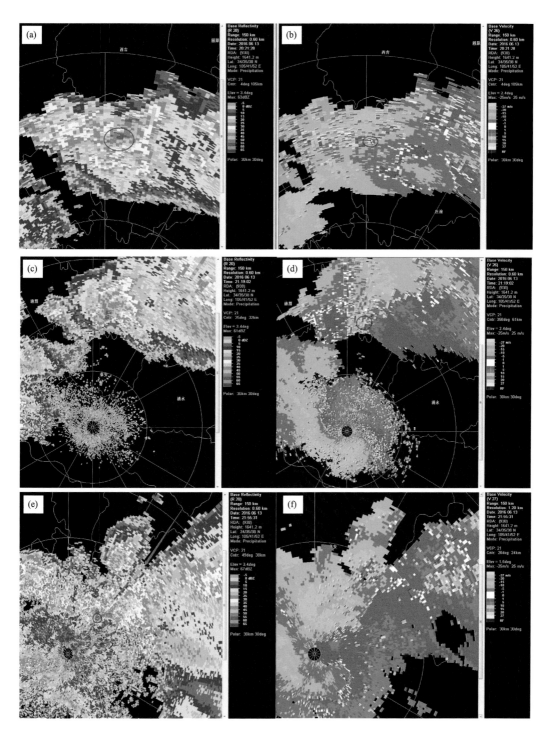

图 4.33　天水雷达基本反射率(a.20:21,3.4°;c.21:19,3.4°;e.21:55,3.4°)和径向速度分布
(b.20:21,2.4°;d.21:19,2.4°;f.21:55,1.5°)

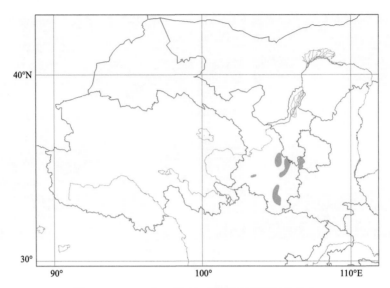

图 4.34　2018 年 6 月 10 日降雹区(阴影区)分布

表 4.4　2018 年 6 月 10 日冰雹个例的基本情况

冰雹发生地点	冰雹直径(mm)	出现时间
崆峒(乡镇)	10	14:40
华亭(乡镇)	20	14:40
静宁(乡镇)	20	15:00
礼县(乡镇)	20	16:30
会宁	13	17:17
武都	4	17:00
华家岭	8	18:34
秦安(乡镇)	8	19:00
甘谷	5	20:23

4.2.2.2　大尺度环流形势

　　10 日,500 hPa 新疆高压脊加强东移(图 4.35a),东亚大槽稳定在我国东部,新疆脊前有冷空气下滑,相应新疆东部到河西西部一带有短波槽形成并东移南压,高空锋区在 40°N 以南,甘肃河东地区受东西带状锋区内的西北气流控制;700 hPa 偏北急流带位于 110°E 以东,甘肃河东为弱偏南气流控制,河西有偏西气流进入并向东南推进,14 时偏西气流控制河西、青海北部,切变线位于甘肃中部,其前部偏南气流有所加强(图 4.35b),至 20 时,切变线少动。200 hPa 急流带位于 40N°以南(图 4.35c),急流核位于河东上空。地面图上(图 4.35d),河套以北热低压发展,其后部高压位于河西西部,地面西北气流向东南方向不断推进,14 时乌鞘岭以东有多条地面辐合线,分别位于兰州市和白银市西北部、定西市西部、宁夏南部和陇东,其中环县到西吉的辐合线配合地面鞍型场,长时间维持,移动非常缓慢,至 20 时位于崆峒到会宁一线。

此次过程属西北气流型,甘肃省受新疆高压脊前西北气流控制,西北气流中有小波动东移,涡度较小,但有温度槽配合,冷平流明显。低层 35°N 以南为西低东高,低层高压后部偏南气流区域内气温较高,加大了不稳定能量,当地面有西北气流侵入,形成地面辐合线,是强对流的主要触发系统。

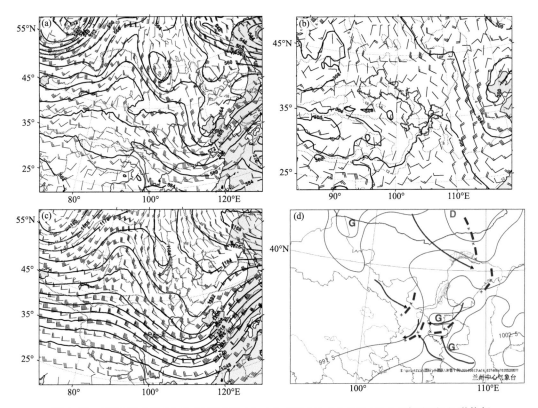

图 4.35　2018 年 6 月 10 日 14 时 500 hPa(a)、700 hPa(b)、200 hPa(c)和地面(d)形势场

4.2.2.3　中尺度环境条件

10 日 14 时主要降雹区 700 hPa 比湿大于 6 g/kg(图 4.36a),甘肃中部 CAPE 大于 300 J/kg,呈南北带状分布,礼县、武山一带 CAPE 大于 700 J/kg(图 4.36b),LI(图略)小于 −2 ℃区域与 CAPE 500 J/kg 区域基本重合,700 hPa 与 300 hPa 温差等值线基本为东西带状分布,冰雹发生区达 42～50 ℃(图 4.36c),0～6 km 垂直风切变在 15～18 m/s(图 4.36d)。崆峒站 14 时订正探空表明,不稳定能量为 419 J/kg,存在明显的对流抑制能量;600 hPa 以上湿度迅速降低,有明显的中层干冷侵入;测站上空对流层中上层为西北气流,中层 500 hPa 以上风速明显增大,距地面 6 km 垂直风切变为 14.9 m/s;0 ℃层高度为 4220 m,−20 ℃层高度为 6770 m,两者高度差为 2550 m,−20～0 ℃层厚度较小(图 4.36e)。中尺度分析表明(图 4.36f),14 时降雹区上空 500 hPa 为西北气流控制,有冷平流,但无明显低槽(切变),甘肃中南部湿对流有效位能在 500 J/kg 以上,低层 700 hPa 比湿≥6 g/kg,有南北向冷式切变存在。

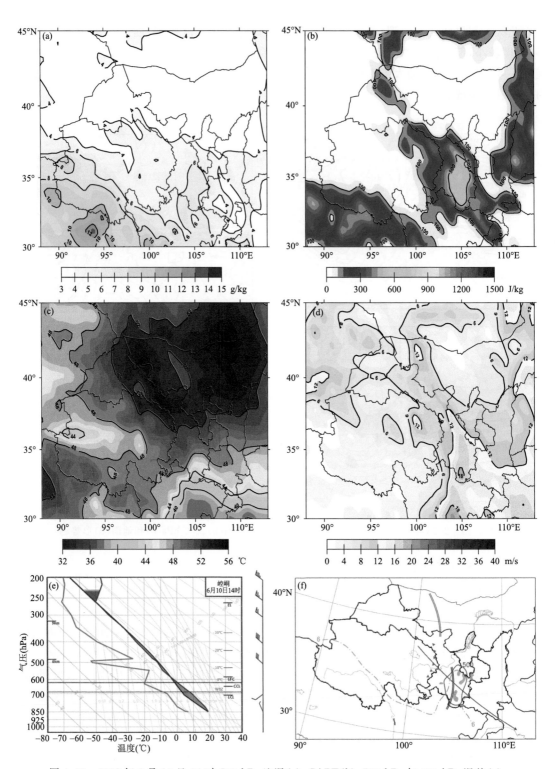

图 4.36　2018 年 6 月 10 日 14 时 700 hPa 比湿(a)、CAPE(b)、700 hPa 与 300 hPa 温差(c)、
0～6 km 垂直风切变(d)、崆峒站(53915)订正 T-ln$p$ 图(e)和中尺度分析综合图(f)

4.2.2.4　卫星云图对流系统特征

从远红外卫星云图上可以看到,中尺度对流系统在三处触发并发展(图 4.37a),A 为地面辐合线触发,12 时在中宁附近初生,对流云高度快速上升,水平尺度不断增大;B、C 处为地形与地面辐合线、低层切变线共同触发,分别出现在祁连山区东部和甘岷山区,线状对流发展,与山脉走向较为一致,并不断向东延伸。14 时 A 云团南端于六盘山西侧向南发展,造成崆峒区、华亭县的冰雹天气过程;另外,B 云团移出祁连山区,永登县出现雷暴大风。由图 4.37b 可见,15—17 时崆峒、华亭一带对流云逐渐减弱,A 云团主力则位于固原和陇东西部位置少动,水平尺度不断扩大,云顶高度不断上升,17 时 B 云团继续东移与 A 合并,A 处 β 中尺度对流系统达到最强,六盘山区西侧的静宁县、会宁县出现冰雹。C 处对流系统持续向东延伸,呈增强趋势,16—17 时,线状对流云系前端分裂,分裂的对流云团加速东移南压,礼县、武都一带出现冰雹。18—20 时(图 4.37c),A 处中尺度对流系统持续南压,19 时有所加强,期间在对流云系南部前沿的华家岭、秦安县、甘谷县出现冰雹。

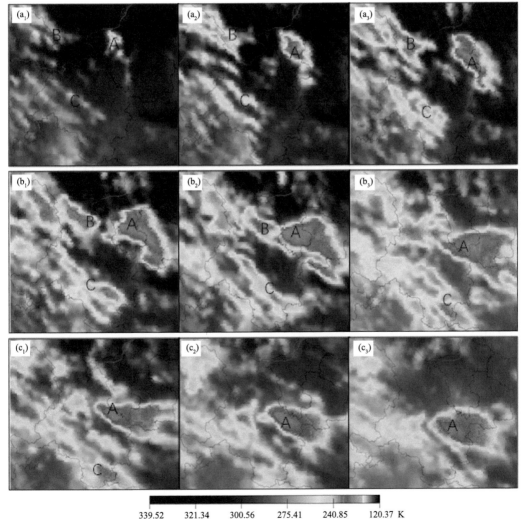

图 4.37　$(a_1 \sim a_3)$2018 年 6 月 10 日 12 时、13 时、14 时 FY-2G 10 μm 云图;$(b_1 \sim b_3)$2018 年 6 月 10 日 15 时、16 时、17 时 FY-2G 10 μm 云图;$(c_1 \sim c_3)$2018 年 6 月 10 日 18 时、19 时、20 时 FY-2G 10 μm 云图

4.2.2.5 雷达回波特征

10日14:05平凉市南部崆峒区有强回波生成并迅速发展,呈独立块状,随后稳定维持,14:40单体中心强度达到最大(图4.38a),此后,单体逐渐向南移动并减弱消失。从径向速度来看(图4.38b),单体发展强盛时,强回波中心处存在一个 γ 中尺度涡旋,呈气旋式辐合,正负速度均在10 m/s以上。从雷达径向剖面图来看(图4.38c),回波顶高达10 km,存在不太明显的回波悬垂。14:40在崆峒区观测到直径10 mm的冰雹。

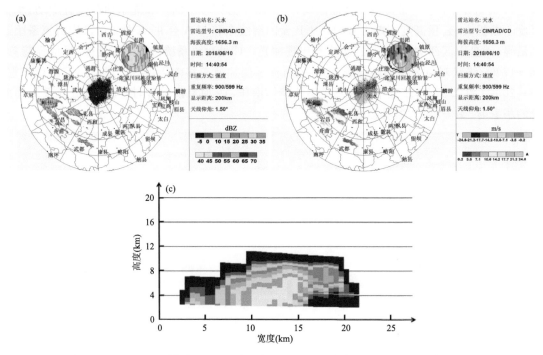

图4.38 14:40(1.5°仰角)雷达基本反射率(a)、径向速度(b)、反射率径向剖面(c)

礼县北部的强回波从14:20开始生成并发展增强,14:30回波中心强度已超过50 dBZ,单体逐渐向东南方向移动,回波中心强度稳定,15:51回波中心强度达到最大为60 dBZ(图4.39a),16:33单体移动至礼县东南部与西和县交界处,中心强度减弱至40 dBZ,此后单体逐渐减弱消失。从径向速度来看(图4.39b),15:51强回波中心处存在一个 γ 中尺度涡旋,呈气旋式辐合。雷达径向剖面图显示(图4.39c),回波质心伸展高度为8 km左右,但是强回波中心处没有明显的有界弱回波区和回波悬垂。16:30在礼县观测到直径20 mm的冰雹。

4.2.2.6 小结

(1)此次过程属西北气流型,500 hPa甘肃省受新疆高压脊前西北气流控制,西北气流中有小波动东移,涡度较小,但有温度槽配合,冷平流明显。低层700 hPa高压后部偏南气流区域内气温较高,加大了不稳定能量,当地面有西北气流侵入,形成地面辐合线,触发强对流发生。

(2)中尺度环境条件方面,低层较好的湿度条件,一定的对流抑制和对流有效位能有利于强对流天气的发生,而较强的0~6 km垂直风切变则有利于对流风暴组织化及较长时间的维持。

(3)雷达、卫星观测表明,强对流在三处触发并发展,其中一处为地面辐合线触发,对流云高度快速上升,水平尺度不断增大;另外两处为地形与地面辐合线、低层切变线共同触发,分别

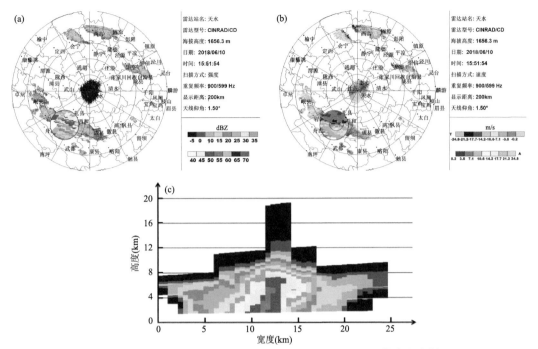

图 4.39 15:51(1.5°仰角)雷达基本反射率(a)、径向速度(b)、反射率径向剖面(c)

出现在祁连山区东部和甘岷山区,线状对流系统发展,与山脉走向较为一致,并不断向东延伸。对流发展强盛地区,雷达观测到多单体风暴,无明显的旁瓣回波、三体散射、回波悬垂等特征。

4.2.3 2019 年 4 月 26 日冰雹过程

4.2.3.1 天气实况

2019 年 4 月 26 日降雹区主要分布在甘肃中部黄河河谷周围地区,空间分布出现了两个集中区域,一是白银市部分地区,二是临夏州部分地区及兰州市局部地区(图 4.40),第一区域

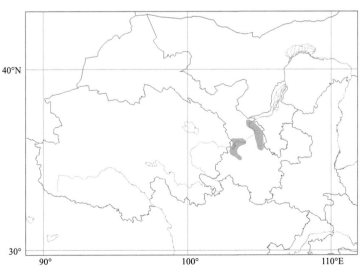

图 4.40 2019 年 4 月 26 日降雹区(阴影区)分布

降雹时间为18时前后,第二区域降雹时间为20—22时,观测到最大冰雹直径为40 mm,出现在永靖县(表4.5)。另外,临夏、兰州、白银、定西、甘南等州市部分地区出现雷暴大风。这次强对流天气对花卉和经济林果等造成严重损害,共造成7.8万人受灾,直接经济损失4.5亿元,其中农业经济损失3.1亿元。

表4.5 2019年4月26日冰雹个例的基本情况

冰雹发生地点	冰雹直径(mm)	出现时间
景泰	4	17:40
靖远(乡镇)	不详	18:00
皋兰(乡镇)	不详	不详
兰州(乡镇)	不详	20:30
永靖	40	20:50
临夏	8	21:45
东乡	8	22:16
和政(乡镇)	不详	不详
康乐(乡镇)	不详	不详

4.2.3.2 大尺度环流形势

此次过程属低槽型强对流。26日500 hPa亚欧中高纬地区为两槽一脊,东亚大槽稳定在我国东部,西伯利亚至中亚长波槽底部偏西气流带中有冷平流向东输送,冷平流影响至青藏高原西北部,08时西风带短波槽与青海西部高原槽并存,西风带短波槽与高原槽东移过程中产生同位相叠加,波动振幅加大,至20时低槽位于乌鞘岭至沱沱河一线(图4.41a)。700 hPa形势为东高西低,东部高压脊线呈西北—东南向,脊线后部有偏南转偏东气流的显著流线影响至河西西部,26日08时,脊后低压中心位于柴达木盆地,风场为涡旋辐合,并迅速演变为东西向辐合切变,至14时,不断向东延伸,14—20时流场上,阿拉善南部由东南气流转为偏北气流,高原切变线东端延伸到达乌鞘岭东侧的白银市西北部,随后此偏北气流不断南压,切变线也随之东移南压,20时切变线位于白银、兰州、临夏一带,呈南北向(图4.41b)。西北地区200 hPa高空锋区为东西带状分布,位于100°E以西,100°E区域上空存在显著的分流区,20时高空分流区位于青藏高原东北边坡的白银、兰州、临夏等地上空(图4.41c)。

地面图上,冷高压自河套以东南下,14时高原东北边坡地区午后热低压急剧发展,与东部高压之间形成较大气压梯度,地面东南风较大,17时热低压外围的宁夏中部到白银市北部一带生成了明显的地面辐合。20时弱冷空气在河套以西扩散,阿拉善地区有闭合高压形成,地面热低压仍维持少动,热低压北部气压梯度增大,武威到兰州一带偏北风迅速加大,同时,地面辐合线并入热低压,形成完整的低压倒槽,地面风场呈现偏北风与东南风强烈辐合(图4.41d)。期间,地面热低压中心一直维持在临洮至临夏一带。

4.2.3.3 中尺度环境条件

甘肃中部和陇南市08—20时700 hPa比湿持续增长,至20时定西、临夏两市州大部分地区比湿高达10 g/kg(图4.42a)。26日14时,甘肃中部至陇南市CAPE达500~1500 J/kg,大值中心位于临夏、定西、兰州三州市交界区域(图4.42b),位于地面低压中心北侧。同时,20时

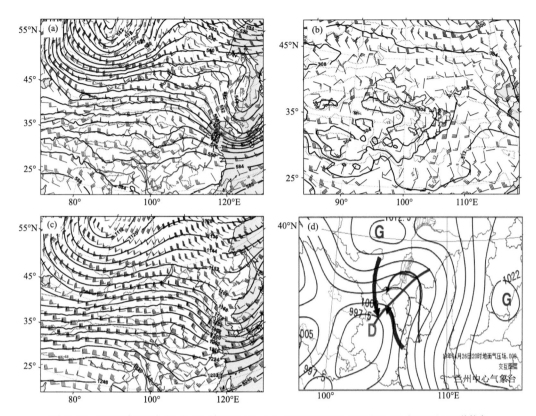

图 4.41　2019 年 4 月 26 日 20 时 500 hPa(a)、700 hPa(b)、200 hPa(c)和地面(d)形势场

700 hPa 与 300 hPa 温度差大于 48 ℃区域主要分布在甘南高原,而临夏、定西、兰州等市州地温度差超过 46 ℃,明显高于甘肃中部其他地区(图 4.42c)。

此次过程动力抬升非常强。500 hPa 正涡度区随低槽东移,尺度不断加大,向北延伸,呈东北—西南向带状分布,且气旋性涡度不断增强,受槽前正涡度平流影响,20 时,4×10^{-5}/s 正涡度中心南压至兰州上空(图 4.42d)。700 hPa 散度表明,14 时低层在祁连山区东部至青海湖一带存在南北带状辐合区,另外,在甘南州出现中心达-6×10^{-5}/s 的显著辐合区,至 20 时随着低层切变东移,宁夏至甘南州为东北西南向显著辐合带,辐合中心位于白银、兰州、临夏,达-10×10^{-5}/s(图 4.42e)。$0\sim6$ km 垂直风切变午后开始增大,至 20 时达到最强,大于 18 m/s 区域位于白银市以北,定西、临夏、兰州等地为 12 m/s(图 4.42f)。

榆中站探空(图 4.42g)表明,26 日 20 时 CAPE 达 765 J/kg,700 hPa 以下温度递减率接近干绝热递减率,对流抑制能量较小;700 hPa 附近为湿层,400 hPa 以上为干层,呈"上干下湿"的不稳定层结,中层干冷侵入明显;地面东南风,$0\sim6$ km 垂直风切变 24 m/s;0 ℃层高度为 4840 m,-20 ℃层高度为 7780 m,两者高度差为 2940 m。中尺度分析表明(图 4.42h),由于偏南暖湿气流作用,河东大部地区比湿已大于 8 g/kg,除陇东南外,其余地区 CAPE 在 $500\sim1000$ J/kg。在湿度和能量条件均满足的环境下,低层切变线触发了强对流。

4.2.3.4　卫星云图中尺度对流系统特征

从远红外卫星云图上可以看到,中尺度对流系统在三处触发并发展(图 4.43a),A 为地面冷空气触发,16 时在景泰初生;B、C 处为地形与地面辐合线共同触发,分别出现在祁连山区东

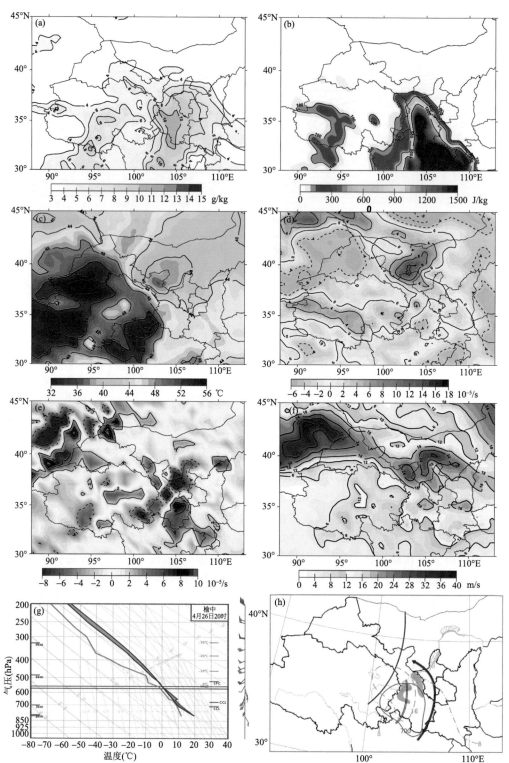

图 4.42　2019 年 4 月 26 日 20 时 700 hPa 比湿(a)、14 时 CAPE(b)、20 时 700 hPa 和 300 hPa 温差(c)、
20 时 500 hPa 涡度(d)、700 hPa 散度(e)、0～6 km 垂直风切变(f)、
榆中站(52983)20 时 T-ln$p$ 图(g)和中尺度分析综合图(h)

部和甘岷山区,结合高空扰动,属浅对流云和高积云辐合云团。17 时 A 处对流发展,强对流云顶高度快速上升,水平尺度快速增大,18 时多单体风暴的中尺度对流辐合云团影响白银市大部地区,形成雷暴大风、冰雹和短时强降水。

19 时,地面冷空气沿河湟谷地一带侵入,E 处为不规则形状的层积混合云系(图 4.43b),20 时云系前端对流超级单体发展,并达到最强,21 时云图 MCS 特征明显,期间,兰州、临夏两市州多地出现雷暴大风、冰雹,并伴有局地短时强降水。A 处对流系统缓慢东移,逐渐与高空槽云系合并,对流有所减弱,影响庆阳市,局部地区出现短时强降水。

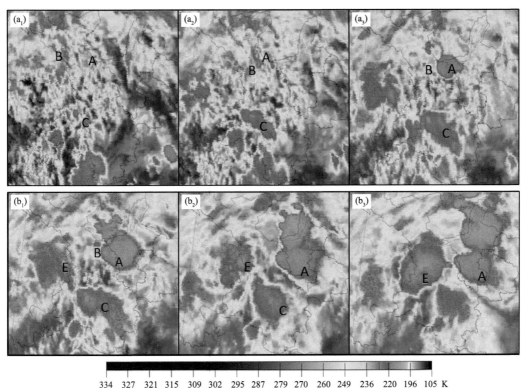

图 4.43　(a₁~a₃)2019 年 4 月 26 日 16 时、17 时、18 时 FY-4A 10 μm 云图;
(b₁~b₃)2019 年 4 月 26 日 19 时、20 时、21 时 FY-4A 10 μm 云图

4.2.3.5　雷达回波中尺度对流特征

白银市雷暴大风、冰雹阶段:26 日 17:01 白银市景泰北部有强回波生成并迅速发展,呈独立块状,逐渐向南移动,17:29 回波中心强度达到最大,为 58 dBZ(图略),移动到景泰中部,对流系统深厚,回波顶高达 14 km,为强单体风暴。17:34 景泰中部强回波单体呈减弱趋势,下沉气流的出流边界激发出新的强回波单体,位于景泰南部,强回波呈块状,逐渐向东南方向移动。17:51 强回波移至靖远县北部,回波中心强度达 63 dBZ,出现旁瓣回波,旁瓣回波持续了 4 个体扫(图 4.44a),期间回波中心强度最高达 65 dBZ 以上,回波顶高为 14 km。18 时前后靖远县出现冰雹。此后,强回波继续向东南方向移动,回波中心强度基本维持在 55 dBZ 以上,19:37 出现明显的 V 型缺口,这是由于云中大冰雹、大水滴等大粒子对雷达波强衰减作用造成的,是识别冰雹的重要判据之一,V 型缺口共持续了 3 个体扫(图 4.44b)。

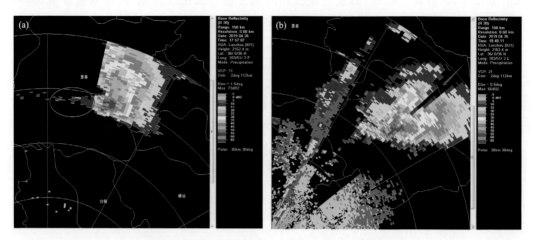

图 4.44　26 日 17:57(1.5°仰角)(a)、19.48(0.5°仰角)(b)兰州雷达基本反射率

兰州、临夏雷暴大风、冰雹阶段:20:10 在临夏—兰州北部与青海的交界处 1.5°仰角回波图上出现两个强对流系统,分别是红古—西固一线的东西向飑线系统和永靖县境内的多单体风暴(图 4.45a),受飑线影响,兰州市部分地区出现雷暴大风、冰雹。永靖县多单体风暴的单体水平尺度 5 km 左右,中心强度为 45~50 dBZ,随着时间的推移,分散的回波单体一边向东南方向移动,一边合并加强,形成超级单体风暴,20:49 强回波移至永靖县城上空,1.5°仰角回波中心强度在 65 dBZ 以上(图 4.45b)。红色箭头所指的圆圈内是底层(0.5°仰角)的弱回波区的入流缺口,回波强度为 35 dBZ 左右,随着仰角的抬升从 0.5°到 1.5°回波强度明显升高至 65 dBZ 以上,一直到 6.0°仰角回波强度依旧在 60 dBZ 左右(图 4.45c),在 9.8°仰角回波强度减弱至 50 dBZ(图 4.45d),回波顶高 14 km,系统深厚。在强回波中心处做雷达径向剖面,可以看到一个比较典型的有界弱回波区和回波悬垂(图 4.45e),表明此时的超级单体进入加强成熟阶段,20:50 永靖县城区出现直径为 40 mm 的大冰雹。21 时出现一条"弓形回波"(图 4.45f),弓形回波持续了两个体扫,受其影响,临夏、和政、康乐等地也相继出现雷暴大风、冰雹。

4.2.3.6　小结

(1)此次过程属低槽型,虽然中层不存在大规模冷平流影响,但西风带短波槽与高原槽东移过程中产生同位相叠加,波动振幅加大,导致北支锋区形成冷平流南下,增强了大气斜压性。特殊的地面冷空气影响路径是本次过程最为明显的特征。首先,过程前期,强冷空气主力在河套以东南下影响我国中东部地区,构成了东高西低的地面形势,甘肃中部热低压发展;其次,过程中,河套以东地面冷空气主力向西扩散,小股冷空气自祁连山以东南下,热低压外围形成的冷式切变触发了雷暴大风、冰雹。低层和地面高压后部的偏南气流使得河东地区低层和地面的温湿度条件增强,加大了高低层之间的温湿度差异,降雹区一带形成了较大的不稳定能量,另外,青藏高原东北边坡午后地面热低压发展,强的气压梯度力使得地面辐合抬升条件较好。

(2)中尺度环境条件方面,低层辐合、高空辐散、0~6 km 垂直风切变等条件有利于对流风暴组织化且较长时间地维持;低层偏南气流造成低层湿度升高,是不稳定能量增大的主因。

(3)雷达、卫星观测表明,强对流发生、发展与地面冷空气影响时空一致,地面冷空气分别

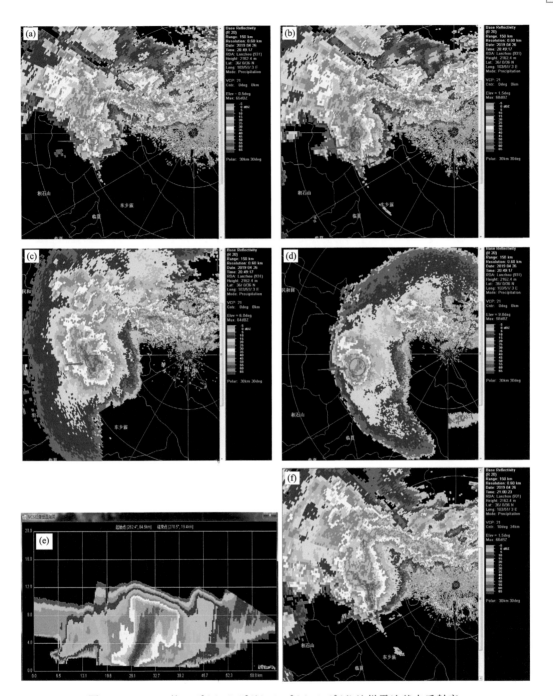

图 4.45 20:49 的 0.5°(a)、1.5°(b)、6.0°(c)、9.8°(d)兰州雷达基本反射率、
20:49 的兰州雷达经向剖面(e)和 21:00 的 1.5°兰州雷达基本反射率(f)

在白银、兰州和临夏两处触发强对流,随强对流云团尺度增大,强烈的上升气流在高空辐散形成云砧,在卫星云图上呈现为两处较明显的 MCS 特征。其中,兰州和临夏一带的对流更强,雷达观测到超级单体、多单体风暴和飑线并存,出现多单体风暴组织呈现出明显弓形回波,超级单体具有显著的有界弱回波区和回波悬垂。

参考文献

[1] 曲晓波,张涛,刘鑫华,等.舟曲"8·8"特大山洪泥石流灾害气象成因分析[J].气象,2010,36(10): 102-105.

[2] 王建兵,杨建才,汪治桂.舟曲"8·8"暴雨云团的中尺度特征[J].干旱气象,2011,29(4):466-472.

[3] 张之贤,张强,赵庆云,等."8·8"舟曲特大山洪泥石流灾害天气特征分析[J].高原气象,2013,32(1): 290-297.

[4] 张之贤,张强,陶际春,等.2010年"8·8"舟曲特大山洪泥石流灾害形成的气候特征及地质地理环境分析[J].冰川冻土,2012,34(4):898-905.

[5] 中国气象局.中国气象灾害年鉴(2011年)[M].北京:气象出版社,2011.

[6] 江吉喜,范梅珠.夏季青藏高原上的对流云和中尺度对流系统[J].大气科学,2002,26(2):263-270.

[7] 赵庆云,张武,陈晓燕,等.一次六盘山两侧强对流暴雨中尺度对流系统的传播特征[J].高原气象, 2018,37(3):767-776.

[8] 俞小鼎,姚秀萍,熊延南,等.多普勒天气雷达原理与业务应用[M].北京:气象出版社,2006.

第 5 章
甘肃省强对流天气监测预警预报技术

最近十几年来,尽管天气预报技术进步较快,但强对流天气的预报仍然是短板。针对强对流天气的特点,业务上更多的是加强强对流天气的监测与临近预警,这种准实况或近实况的临近预警在实际服务中效益明显,但同时也对强对流天气的临近预警提出了更高的要求,一方面,对强对流天气临近预警的精度和准确度要求更高,不仅要求给出强对流天气影响的具体时间与地点,还需要给出强对流天气的类别。另一方面,强对流天气的监测、临近预警对于减少损失或规避灾害而采取防御措施的提前时效很短,这种准实况或临近实况的预警往往来不及做好防御准备,不能在更大程度上减少灾害损失。因此,需要进一步提高强对流天气预警预报能力,提升其精准度与时效,这将是强对流天气临近预警面临的长期而艰巨的挑战。随着强对流天气临近预警方面研究的不断深入,大量的研究成果如强对流回波的识别与跟踪、冰雹的识别、雷暴大风的识别、定量降水估测(QPE)、定量降水预报(QPF)等技术得以发展和改进。

5.1 基于雷达的强对流天气监测预警技术

兰州中心气象台在 2017 年初步完成基于雷达 PUP 产品的冰雹识别预警预报技术研究和雷达质量控制及动态最优化法的 $Z\text{-}R$ 关系(QPE)研究,将研究成果进行业务化应用,有效地提升了甘肃省强对流天气监测识别预警能力。为了进一步提升强对流天气监测识别预警预报技术,2018 年开始夯实基础、深入研究,开展冰雹、短时强降水等分类强对流天气识别预警预报技术研究,利用光流法、深度学习等算法发展雷达外推预报,引入准稳定性理论,发展雷达估测降水预报技术。2019 年,进一步强化,继续深入发展技术。基于机器学习等大数据挖掘技术,开展冰雹、短时强降水、雷暴大风等分类强对流天气识别预警预报研究。基于 Farneback 光流法实现卫星云图外推及采用多通道及通道差指标,识别中尺度对流云团等。

分类强对流识别外推预报预警技术总体思路见图 5.1。

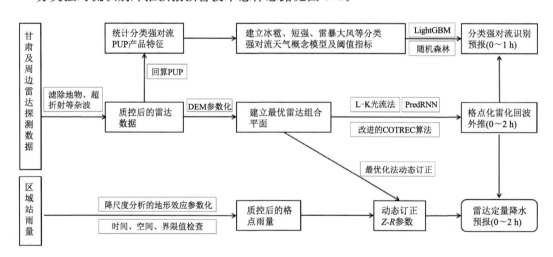

图 5.1 分类强对流识别外推预报预警技术路线

基于甘肃及周边雷达探测和区域站雨量数据,建立分类强对流概念模型及阈值指标,利用光流法、COTREC(一种改进后的交叉相关法)外推、深度学习、动态 $Z\text{-}R$ 关系订正等算法,最

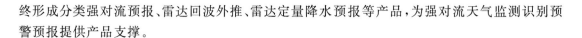

终形成分类强对流预报、雷达回波外推、雷达定量降水预报等产品,为强对流天气监测识别预警预报提供产品支撑。

5.1.1　基于决策树算法的冰雹、短时强降水识别预报预警技术

5.1.1.1　雷达个例库

整理相关资料,剔除缺测资料及无效数据(降雹时间、冰雹尺寸等记录不明确、回波被遮挡),建立完整的历史个例库。整理了兰州、天水、西峰三部雷达探测范围内 2008—2017 年共计 300 次冰雹过程(1137 站)(表 5.1),包括冰雹发生地点、开始时间、结束时间以及冰雹尺寸等信息。根据冰雹发生时间,整理了伴随冰雹出现的大风、短时强降水等信息。个例库的建立不仅为后期雷达特征研究打基础,同时为预报员训练系统提供数据支撑。针对冰雹、短时强降水、雷暴大风等强对流天气,分类统计图形化特征和数字化特征,为建立概念模型、识别预警预报做准备。

表 5.1　各雷达探测范围内个例过程数

	冰雹	冰雹大风	冰雹大风短强	冰雹短强
兰州	32	48	17	16
天水	32	35	21	16
西峰	26	36	13	8

5.1.1.2　雷达回波图形化特征(图 5.2,图 5.3)

统计分类强对流天气回波图形化特征,一方面,为预报员提供分类强对流天气回波的宏观特征,增强预报员对分类强对流天气回波的图形化认识;另一方面,为后期分类强对流天气回波图像识别技术做铺垫。通过对分类强对流 PUP 产品特征统计分析,得到以下结论:

(1)强回波尺度多为 γ 至 β 中尺度(<50 km),形状以块状对流单体回波为主;

(2)致雹强风暴多由上游下移降雹或上游下移本地加强降雹,较少由本地生成降雹,为下游的预警提供了可能性;

(3)三体散射特征(TBSS)出现较少,一般可提前 2~3 个体扫时间并伴有中气旋,冰雹直径一般大于 15 mm;

(4)旁瓣回波出现频率也较少,但比 TBSS 多,一般可提前 2~3 个体扫时间;

(5)较强对流风暴的强回波往往呈倾斜结构,个别强风暴有后侧 V 型缺口特征;

(6)钩状回波、阵风锋特征不明显,风暴单体强度较东部地区弱;

(7)地面出现雷暴大风时,在低仰角(0.5°或 1.5°)一般存在 20 m/s 的大风区;

(8)冰雹大风同时出现时,一般风暴单体的强回波厚度较大,且强回波离地面较近;

(9)短时强降水大部分都是由风暴单体缓慢移动造成的,"列车效应"造成短时强降水的个例较少,短时强降水回波强度略低于冰雹,主要依赖于回波维持时间;

(10)单站观测到冰雹大风短时强降水同时出现的情况较少,其回波结构与冰雹大风相似,不同之处在于该种单体存在"列车效应",即风暴单体后部存在一定强度的回波区(≥40 dBZ)。

5.1.1.3　雷达回波数字化特征

针对分类强对流天气统计反射率、速度及 PUP 产品特征,不仅为预报员提供分类强对流

天气回波直观的数字化认识,也为后期分类强对流天气模型及识别算法提供数据支撑。通过对分类强对流系统 PUP 产品特征统计分析,得到以下结论:

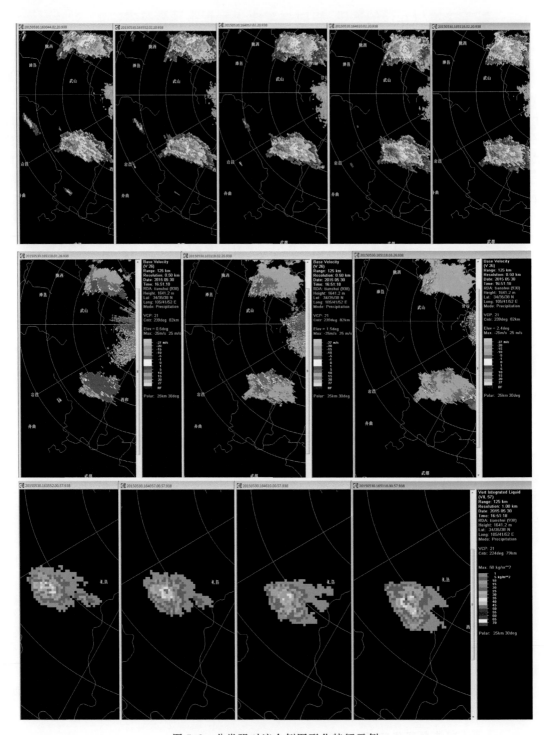

图 5.2　分类强对流个例图形化特征示例

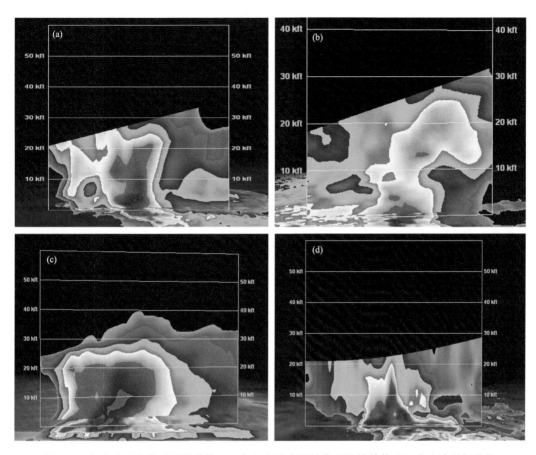

图 5.3　产生冰雹的典型风暴单体(a)、产生冰雹大风的典型风暴单体(b)、产生冰雹短强的
典型风暴单体(c)、产生冰雹大风短强的典型风暴单体(d)

(1)最大反射率因子均在 50～65 dBZ 范围,发展至−20 ℃层(7 km)以上,较东部地区低 10 dBZ 左右;

(2)ET 主要位于 9～14 km,其中 9～11 km 频次最多;

(3)VIL 分布范围较广,一般认为>15～20 kg/m² 时出现冰雹的可能性较大,降雹一般对应着 VIL 的陡升;

(4)风暴单体质心高度一般在 1～8 km,3～6 km 居多;风暴单体顶高在 4～11 km,7～10 km 居多;

(5)风暴单体核心区厚度在 2～8 km,主要集中在 4～6 km 范围内;

(6)45 dBZ 以上质心高度在 1～7 km,主要集中在 3.5～5 km。

5.1.1.4　识别算法构建

在数字化特征统计基础上,采用 5%～95%分位数建立分类强对流天气雷达统计量预警预报阈值指标(表 5.2)。采取二分法建立分类强对流预警识别概念模型(图 5.4)。

表 5.2　分类强对流天气识别预警阈值指标

5%～95%分位数	雷达站点	最大反射率（dBZ）	最大反射率高度（km）	质心高度（km）	风暴顶高（km）	回波顶高（km）	核心区厚度（km）	45 dBZ以上质心高度（km）	垂直累积液态水含量（kg/m²）	垂直累积液态水含量密度（g/m³）
冰雹阈值	西峰	50～66	2.3～6.9	0.5～7.4	5.6～11.3	8.9～14.0	2.6～7.9	2.4～5.5	24.5～54.3	1.98～5.02
	兰州	51～66	1.6～6.8	0.6～5.5	5.0～8.8	8.0～12.4	1.6～6.8	0.9～5.1	9.2～48.5	1.18～4.80
	天水	52～66	3.2～7.4	1.0～6.8	5.5～12.0	8.0～12.0	2.5～7.9	1.8～6.1	15.1～56.9	1.36～5.33
冰雹大风阈值	西峰	50～60	2.4～8.7	0.5～7.2	6.6～11.9	5.4～14.0	2.4～9.8	2.4～4.9	20.8～54.0	1.43～7.20
	兰州	52～64	2.4～4.6	0.4～6.2	5.2～11.0	5.8～13.0	1.6～6.8	0.9～4.9	11.4～48.2	1.18～3.90
	天水	55～75	2.9～6.3	0.5～6.0	4.1～10.6	5.4～13.8	1.4～7.9	0.9～5.3	24.3～68.8	2.46～5.41
冰雹短强阈值	西峰	55～66	3.8～4.3	2.1～4.9	5.9～7.8	9.1～14.0	4.0～7.9	3.4～5.1	30.0～40.0	2.70～4.20
	兰州	/	/	/	/	/	/	/	/	/
	天水	57～65	3.0～7.4	1.0～8.1	4.7～11.2	9.0～12.0	4.0～7.0	2.9～6.5	28.0～59.0	2.91～5.4
冰雹短强大风阈值	西峰	50～66	2.3～5.7	0.4～5.9	5.6～9.3	11.1～12.0	4.8～9.8	3.0～4.5	27.0～45.0	2.45～3.75
	兰州	53～63	2.4～3.9	1.1～5.3	6.7～14.0	11.0～14.0	1.6～6.8	0.9～4.9	22.0～27.0	1.57～2.45
	天水	54～64	3.5～6.9	2.8～8.1	3.5～9.7	9.0～13.9	4.0～6.6	3.0～6.9	15.8～54.5	1.44～4.10

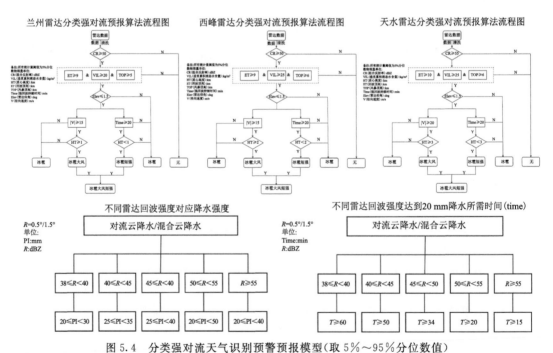

图 5.4　分类强对流天气识别预警预报模型（取 5%～95%分位数值）

5.1.1.5　业务运行及检验

基于二分法建立分类强对流预警识别概念模型，利用 Fortran、Grads 语言，读取 PUP 数据的反射率因子（R）、组合反射率（CR）、回波顶高（ET）、质心高度（HT），风暴顶高度（TOP）、径向速度（V），冰雹指数（HI），垂直液体累积水含量（VIL）等，生成分类强对流识别预警预报产品。

个例一:2018 年 4 月 28 日

实况:冰雹:14:11 天水市秦州区出现小冰雹,平凉市静宁县红寺、甘沟、古城、深沟等乡镇 15:50—16:50 出现冰雹。短强:14—15 时天水市秦州区嵩坪子降水 24 mm。15—16 时陇南市西和县张刘村 21.6 mm。16—17 时陇南市成县黄渚降水 32.1 mm。

预报结果如图 5.5:14:05 在天水市秦州区、陇南市礼县识别出冰雹和短时强降水(图 5.5a),随后该回波逐渐向东南移动(图 5.5b),16:17 在陇南市西和、徽县、成县交界处识别到冰雹和短时强降水(图 5.5c),16:37 在静宁县境内识别出冰雹(图 5.5d)。

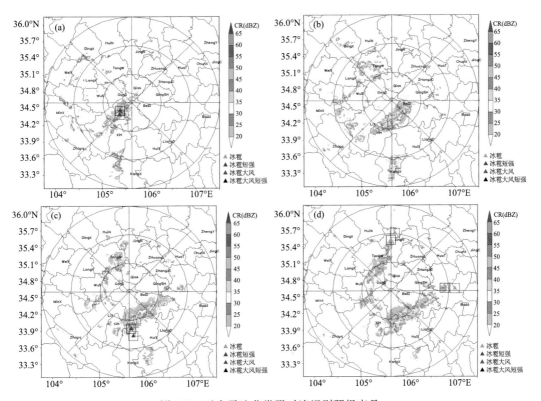

图 5.5　天水雷达分类强对流识别预报产品

(a.2018 年 4 月 28 日 14 时 05 分;b.2018 年 4 月 28 日 15 时 11 分;c.2018 年 4 月 28 日 16 时 17 分;
d.2018 年 4 月 28 日 16 时 37 分)

个例二:2018 年 4 月 19 日

实况:冰雹:18—19 时皋兰县什川、石洞、九合、忠合、水阜、永登县苦水、树屏、榆中县青城、兰州市七里河等共 12 个乡镇出现冰雹。短时强降水:18—19 时共出现 2 站次短时强降水,分别在皋兰县什川 24.8 mm/h、打磨沟 24.7 mm/h。

预报结果如图 5.6:17:55 在永登、皋兰、兰州、榆中等地识别出 6 处冰雹(图 5.6a),18:29 依然在兰州市识别出两处冰雹,在皋兰县识别出两处冰雹伴短时强降水(图 5.6b)。

个例三:2018 年 7 月 15 日

实况:短时强降水:21—23 时在平凉、庆阳两市出现 23 站次短时强降水,其中灵台县梁原 37.2 mm/h、灵台县朝那 27.5 mm/h、泾川县张老寺 26.8 mm/h、崇信县五举 25.1 mm/h、镇原县三岔 22.9 mm/h、灵台县盘头村 34.1 mm/h、环县高李湾 32 mm/h。

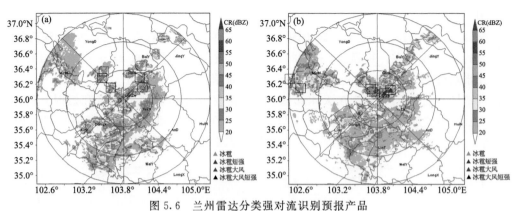

图5.6 兰州雷达分类强对流识别预报产品
(a.2018年4月19日17时55分;b.2018年4月19日18时29分)

预报结果如图5.7:21:52在庆城、环县识别出短时强降水(图5.7a),22:27在宁县、西峰识别出短时强降水(图5.7b)。

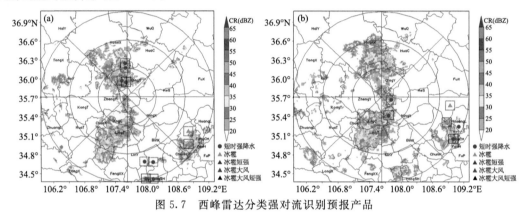

图5.7 西峰雷达分类强对流识别预报产品
(a.2018年7月15日21时52分;b.2018年7月15日22时27分)

对2018年5次强对流天气过程进行检验,分类强对流识别预警预报产品的冰雹准确率为58%,短时强降水预警准确率为68%(表5.3)。

表5.3 批量检验结果

类型	命中个数	空报个数	漏报个数	准确率
冰雹	31	22	/	58%
短时强降水	52	24	/	68%

5.1.2 光流法、深度学习算法的雷达回波外推技术

传统的交叉相关算法虽然可以追踪对流降水系统和稳定性降水系统,但其缺点在于对局地生成的强度和形状随时间变化很快的降水回波,其运动矢量场预报质量降低、跟踪失败的情况会显著增多。引入金字塔分层技术改进的局部约束光流法明显减小了由于回波变化快造成的反演误差,提高了反演风场的计算精度和运算效率,模拟出接近理想的运动矢量场,能准确实现对目标物的识别、追踪和运动估计。

5.1.2.1　基于 L-K 局部约束及金字塔分层算法的光流外推技术

光流法的基本原理是由于运动目标和观测器之间的相对运动,以图像亮度变化作为识别对象,在序列图像中产生瞬时位移,体现了图像亮度模式的表观运动。图像中所有像素点的亮度光流就构成了图像的光流场。而光流法的核心就是从连续的图像系列中计算光流场。

图 5.8 是对 2018 年 7 月 10 日降水过程利用雷达资料基于光流法的外推与实况对比。从图中可以看出,基于光流法的雷达外推在 30 min 内,对强度和位置的预报效果较好(图 5.8a, b)。60 min 内的外推,其强度减弱较快,与实况相差略大(图 5.8c,d)。

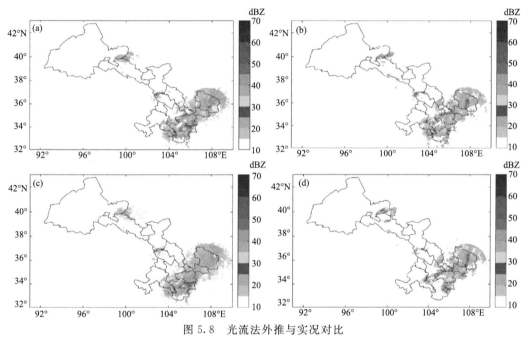

图 5.8　光流法外推与实况对比

(a. 2018 年 7 月 10 日 13:00 外推 30 min 雷达回波;b. 2018 年 7 月 10 日 13:30 雷达回波实况;
c. 2018 年 7 月 10 日 13:00 外推 60 min 雷达回波;d. 2018 年 7 月 10 日 14:00 雷达回波实况)

5.1.2.2　光流法外推与 COTREC 外推检验对比

通过批量分级检验光流法与 COTREC 外推效果,基于光流法的雷达回波外推明显在 50 dBZ 以下优于 COTREC(表 5.4),所以光流法外推能够很好地弥补 COTREC 对对流性系统外推的缺陷。

表 5.4　光流法外推与 COTREC 外推检验对比

方案	时效(min)	反射率阈值(dBZ)	CSI	POD	FAR
COTREC	30	>20	0.41	0.64	0.46
		>30	0.27	0.45	0.60
		>50	0.04	0.09	0.91
	60	>20	0.30	0.53	0.60
		>30	0.17	0.33	0.73
		>50	0.01	0.03	0.97

续表

方案	时效(min)	反射率阈值(dBZ)	CSI	POD	FAR
光流法	30	>20	0.75	0.86	0.15
		>30	0.61	0.75	0.22
		>50	0.24	0.36	0.58
	60	>20	0.68	0.82	0.20
		>30	0.53	0.68	0.54
		>50	0.15	0.25	0.72

5.1.3 动态分级算法的雷达降水预报技术

5.1.3.1 基于准稳定移动窗口的降水估测动态订正

基于准稳定移动窗口的降水估测动态订正核心思路:利用最优化算法计算 QPE:先假定一个 $Z\text{-}R$ 关系,把 Z_i 值转化成雨强(r_i),再把 r_i 对时间进行累计以获得小时或日降雨量的雷达估算值(R_i),最后选定一个判别函数 CTF,把各点的雷达估算值(R_i)和雨量计实测值(G_i)代入 CTF,不断调整 $Z\text{-}R$ 关系中的参数 A 和 b,直到判别函数 CTF 达到最小值为止,这时的参数 A 和 b 值所决定的 $Z\text{-}R$ 关系就是最优的。

移动窗口动态订正 QPE:按照准稳定性理论,以 $0.5°×0.5°$ 范围将计算区域划分成若干个小窗口,再利用影响不同区域降水分布的主要地理、地形因子对每个窗口中的上时次 QPE 值进行动态订正,并将订正系数带入下时刻的计算区域中,最终得到基于最优化算法动态订正的 QPE 结果(图 5.9)。

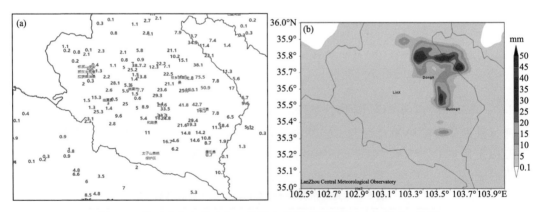

图 5.9 基于准稳定移动窗口的降水估测动态订正(a. 实况;b. 估测)

移动窗口动态订正 QPE 算法预报降水能力较其他方法明显占优,均方根误差明显偏低。虽然各种方法对降水基本都为低估,但基于准稳定移动窗口动态订正 QPE 算法较其他方法估测降水更接近实况(图 5.10)。

5.1.3.2 基于光流法外推的雷达降水预报技术

在光流法雷达回波外推基础上,结合最优化算法动态订正的 $Z\text{-}R$ 关系,计算得到基于光流外推的雷达降水预报。由于光流法外推回波时效只有 1 h,且外推准确率较高,所以在雷达估

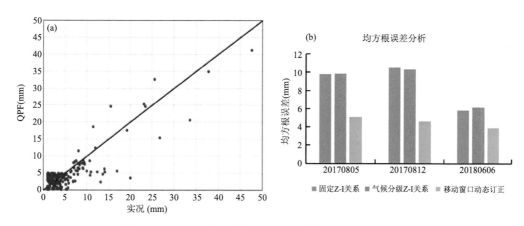

图 5.10　基于准稳定移动窗口的降水估测动态订正检验
（a. 散点回归图；b. 均方根误差对比图）

测降水预报中没有使用高分辨率模式进行降水场约束。图 5.11 是对 2018 年 7 月 10 日 19—20
时、2018 年 7 月 18 日 21—22 时降水进行估计并与实况对比，可以看出 1 mm 以上降水范围外推
结果与实际基本一致，略微偏大，外推得到的 10 mm 以上的降水位置与实际落区对应较好。相
比于 COTREC 外推的雷达估测降水，光流法外推的雷达估测降水效果更好（表 5.5）。

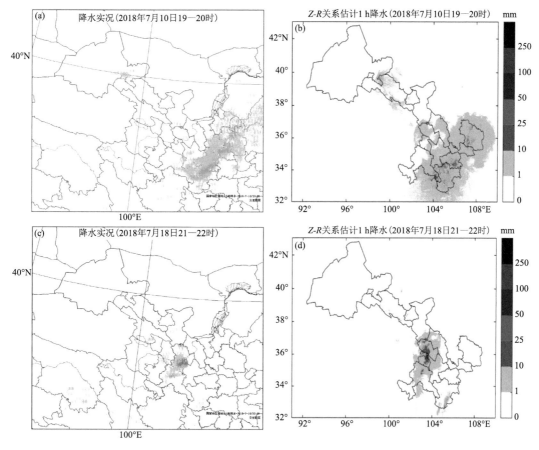

图 5.11　基于光流法回波外推雷达估测降水预报（a，c. 实况；b，d. 估测）

表 5.5　光流法和 COTREC 回波外推雷达估测降水预报检验对比

方案	时效(min)	反射率阈值(mm)	准确率	空报率	漏报率
COTREC	30	<10	0.73	0.14	0.13
		10~20	0.45	0.32	0.23
		20~30	0.26	0.39	0.35
		30~50	0.10	0.54	0.36
		>50	0.03	0.72	0.26
	60	<10	0.70	0.14	0.16
		10~20	0.42	0.34	0.24
		20~30	0.35	0.35	0.30
		30~50	0.18	0.50	0.32
		>50	0.10	0.65	0.25
光流法	30	<10	0.78	0.12	0.10
		10~20	0.51	0.20	0.29
		20~30	0.35	0.33	0.32
		30~50	0.15	0.55	0.30
		>50	0.05	0.68	0.27
	60	<10	0.75	0.10	0.15
		10~20	0.46	0.32	0.22
		20~30	0.38	0.31	0.31
		30~50	0.21	0.44	0.35
		>50	0.12	0.60	0.18

5.1.4　基于 LightGBM、随机森林算法的分类强对流识别预报技术

5.1.4.1　基于 LightGBM 算法的分类强对流识别预报技术

收集整理了三部雷达探测范围内(图 5.12)2011—2018 年强对流天气和非强对流天气资料,并将搜集到的强对流天气分为冰雹、雷暴大风、短时强降水等三种类型。由于 LightGBM 模型需要一个较大的训练集来建模,将 2011—2017 年的 17749 个样本作为模型的训练集,其中 14200 个样本为 LightGBM 模型训练样本,3549 个样本为交互验证样本。然后将 2018 年样本作为模型的独立验证集,共 541 个强对流天气样本和 1452 个非强对流天气样本。样本集中的标签分类设置为无强对流标签为 0,冰雹标签为 1,雷暴大风标签为 2,短时强降水标签为 3,训练期和验证期样本集的分布情况及标签分类见表 5.6。

模型训练分为 5 个步骤(图 5.13):数据采集、特征工程、模型训练、交叉验证和模型评估。数据采集包括分类强对流实况资料(因变量),强对流发生时段的地面实况观测及雷达产品(自变量)等,并对收集的数据进行筛选清洗等,建立样本数据集。特征工程是 LightGBM 建模中最重要的部分,在这一过程中需要找到最能反映因变量本质的自变量特征来完成样本数据的分类工作。完成处理后的数据进入 LightGBM 模型,经过反复的训练调参(步骤 3)和交叉验

证(步骤 4)优化 LightGBM 算法,在交叉验证中,模型训练样本和交叉验证样本比例为 8∶2。待 LightGBM 模型达到最优后,通过常用的模型评估算法对交叉验证样本集和测试集进行模型检验评估。

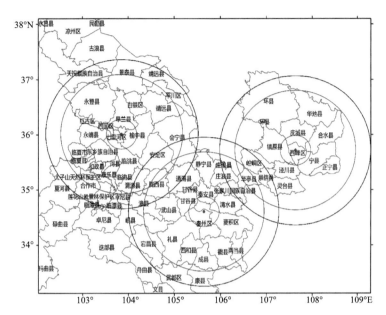

图 5.12 兰州、天水、西峰三部雷达探测范围示意图(红点为雷达位置,红色、蓝色和黑色圆圈分别表示 30 km、120 km 和 150 km 半径的范围)

表 5.6 LightGBM 模型的训练集(2011—2017 年)、测试集(2018 年)及标签值分类

强对流分类	无强对流	冰雹	雷暴大风	短时强降水
训练样本集	12549	834	231	4135
测试样本集	1452	51	12	478
标签值	0	1	2	3

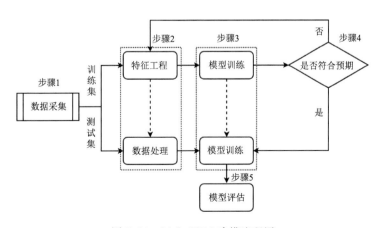

图 5.13 LightGBM 建模流程图

用于识别强对流天气的变量共 18 个,其中雷达产品 11 个,基于雷达产品的计算量 3 个和地面观测数据 4 个。11 个雷达产品分别是组合反射率(CR)、反射率因子(0.5°、1.5°、2.4°三个仰角)、平均径向速度(0.5°、1.5°、2.4°三个仰角)、回波顶高(ET)、风暴顶高(TOP)、最强回波对应高度(HT)及垂直累积液态水含量(VIL)、核心区厚度(H)、45 dBZ 以上质心高度(H_{45})及强回波持续时间(Time)。最后还用到地面区域站级别以上的站点观测数据,主要为测站气压(PRS)、气温(TEM)、相对湿度(RHU)、瞬时风速(WIN)等。

将训练集构建的 LightGBM 模型应用到 2018 年的 1993 个独立样本中,对模型进行了验证,结果如表 5.7 和表 5.8 所示。在独立验证中,冰雹、雷暴大风和短时强降水这三类强对流天气的误判率分别为 15.7%、16.7% 和 8.4%,平均误判率为 9.2%。对于强对流天气的误判,冰雹天气主要误判为短时强降水,而短时强降水天气主要误判为非强对流和冰雹天气。非强对流天气的误判率为 6.2%,而强对流天气和非强对流天气的整体误判率仅为 7.0%。在命中率上,对于三类强对流天气的平均命中率仍能够达到 86.4%,平均临界成功指数为 64.3%,平均空报率为 29.0%。综合强对流和非强对流来看,平均命中率为 88.3%,平均临界成功指数为 71.2%,平均空报率为 22.2%。总体来说,基于 LightGBM 模型对强对流天气分类较为理想,因此,该方法在未来的自动化强对流天气识别预警中有较为广阔的应用前景。

表 5.7 独立验证的判识结果

实况	判识					整体误判率(%)
	冰雹	雷暴大风	短时强降水	非强对流	误判率(%)	
冰雹	43	2	6	0	15.7	
雷暴大风	1	10	1	0	16.7	7.0
短时强降水	12	2	438	26	8.4	
非强对流	8	2	80	1362	6.2	

表 5.8 独立验证评分结果

	冰雹(%)	雷暴大风(%)	短时强降水(%)	非强对流(%)	平均(%)
CSI	59.7	55.6	77.5	92.1	71.2
FAR	32.8	37.5	16.6	1.9	22.2
POD	84.3	83.3	91.6	93.8	88.3

5.1.4.2 基于随机森林算法的冰雹分类预报技术

随机森林算法的冰雹预报示意及流程见图 5.14。

收集整理了天水雷达扫描范围内 2008—2019 年强对流天气资料,将冰雹具体划分为纯冰雹、冰雹伴大风、冰雹伴短时强降水和冰雹伴大风短时强降水 4 种类型。将 2008—2017 年作为模型的训练期,共 287 个冰雹样本,将 2018—2019 年作为模型的验证期,共 62 个冰雹独立测试样本(表 5.9)。

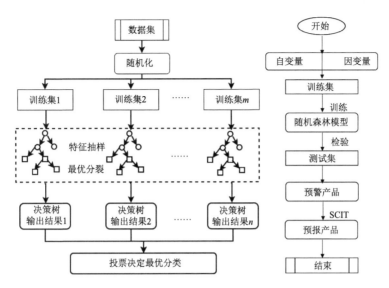

图 5.14　随机森林算法示意图及模型流程图

（m 为训练集个数,n 为输出结果个数）

表 5.9　随机森林模型的训练集(2008—2017)和测试集(2018—2019)

中各类冰雹灾害性天气的发生次数

强对流分类	纯冰雹	冰雹大风	冰雹短强	冰雹大风短强	无强对流
训练样本集	52	45	16	24	150
测试样本集	9	6	10	5	32

从表 5.10 可以看出,对纯冰雹、冰雹大风、冰雹短时强降水、冰雹大风短时强降水四类天气的误判率为 26.7%,对无强对流天气的误判率为 15.6%,随机森林模型的整体误判率为21%。纯冰雹 7 次过程有 1 次误判为冰雹大风,1 次误判为无强对流。冰雹大风的 6 次过程有 1 次误判为纯冰雹。冰雹短时强降水的 10 次过程误判了 3 次,而冰雹大风短时强降水的 5次过程有 2 次误判。结合模型训练期来看,随机森林模型对冰雹短时强降水的误判率为30%,其中主要误判为冰雹大风短时强降水。冰雹大风短时强降水的整体误判率为 40%,主要误判为冰雹大风或者冰雹短时强降水。但总体来说,基于随机森林算法的强对流天气分类模型对冰雹灾害性天气的分类较为理想。

表 5.10　随机森林模型检验集(2018—2019)的判识误差率

实况	预警						
	纯冰雹	冰雹大风	冰雹短强	冰雹大风短强	无强对流	误判率(%)	整体误判率(%)
纯冰雹	7	1	0	0	1	22.2	
冰雹大风	1	5	0	0	0	16.7	
冰雹短强	1	0	7	2	0	30.0	21.0
冰雹大风短强		1	1	3	0	40.0	
无强对流	3	2	0	0	27	15.6	

基于随机森林模型和 SCIT 产品识别的强对流天气能较好地预报未来 15 min 至 1 h 的冰雹灾害性天气。在 4 类强对流天气分类预报中,命中率最高的为冰雹大风(84.3%),其次为纯冰雹(78.8%)。临界成功指数最高的为冰雹大风(65.0%),冰雹短时强降水次之。空报率最低的为冰雹短时强降水,为 12.5%,而冰雹大风次之(表 5.11)。综合来看,对 4 类强对流天气的平均命中率为 74.8%,平均临界成功指数为 60.8%,平均空报率为 24.4%。虽然随机森林法对冰雹天气的预报效果没有其分类识别的准确性高,但仍能满足实际的气象预报工作中对强对流天气临近预报的分类预报需求。

表 5.11　随机森林模型的预报效果评分

	POD	CSI	FAR
纯冰雹	78.8	61.6	30.7
冰雹大风	84.3	65.0	24.4
冰雹短强	70.8	63.6	12.5
冰雹大风短强	65.3	52.8	30.0

5.1.5　基于光流法的对流云图外推预报技术

5.1.5.1　光流法原理及方法简介

光流,是空间运动物体在被观测表面上的像素点运动的瞬时速度场,包含了物体与成像传感器系统之间的相对运动的关系。图像中所有像素点的亮度光流就构成了图像的光流场。而光流法的核心就是从连续的图像序列中计算光流场。光流计算基于物体移动的光学特性提出了 2 个假设:

运动物体的灰度在很短的间隔时间内保持不变;

给定邻域内的速度向量场变化是缓慢的。

(1)光流约束方程

设 $I(x,y,t)$ 为图像上像素点 (x,y) 在时刻 t 的灰度值,经过间隔 dt 后对应点的灰度为 $I(x+dx,y+dy,t+dt)$,当 $dt \to 0$ 时,可以认为两点的灰度不变,即:

$$I(x+dx,y+dy,t+dt) = I(x,y,t)$$

将上式进行左边泰勒展开后处理可得到光流约束方程:

$$Ixu + Iyv + It = 0$$

(u,v) 称为光流,图像上所有点的光流构成了光流场。

如果把传感器从摄像机换成卫星云图,被探测的目标从一般的运动物体换成对流等天气系统,则 $I(x,y,t)$ 就是云图图像上像素点 (x,y) 在时刻 t TBB 的值。

(2)约束条件

u,v 是两个未知量,而光流方程只有一个,为全面确定光流,需要进一步的约束条件。一般有两种求解光流场的方法:Lucas-Kanade 局部约束和 Horn-Schunck 全局约束。局部约束方法假定在给定点周围的一个小区域内光流满足一定的条件,而全局约束方法假定光流在整个图像区域范围内满足一定的约束条件。因为临近预报关注云图精细化的局地预报,选定 Lucas-Kanade 局部约束法作为计算光流的约束条件。Lucas-Kanade 是一种广泛使用的光流估计的差分方法,这个方法是由 Bruce D. Lucas 和 Takeo Kanade 发明的。它假设光

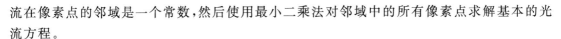

流在像素点的邻域是一个常数,然后使用最小二乘法对邻域中的所有像素点求解基本的光流方程。

(3)高斯金字塔分层

因为 Lucas-Kanade 算法的约束条件是:小速度,亮度不变以及区域一致性都是较强的假设,并不很容易得到满足。如当物体运动速度较快时,假设不成立,那么后续的假设就会有较大的偏差,使得最终求出的光流值有较大的误差。考虑物体的运动速度较大时,算法会出现较大的误差,那么就希望能减少图像中物体的运动速度。一个直观的方法就是,缩小图像的尺寸。假设当图像为 400×400 时,物体速度为[16,16],那么图像缩小为 200×200 时,速度变为[8,8]。缩小为 100×100 时,速度减少到[4,4]。所以在源图像缩放了很多以后,原算法又变得适用了。所以光流可以通过生成原图像的金字塔图像,逐层求解,不断精确来求得。

(4)具体实施步骤

对于 Lucas-Kanade 改进算法来说,主要的步骤有三步:建立金字塔,基于金字塔跟踪、迭代过程。

①读入连续两个时刻的云图数据,分别为 I_1,I_2;

②设定金字塔层数、窗口常数及迭代次数;

③以一种递归的方式建立 I_1 和 I_2 的金字塔;

④初始化光流估计场;

⑤逐层循环,通过计算每一层的 I_x、I_y 和梯度矩阵 G,由上到下计算出光流矢量,找到图像 I_1 中特征点 u 在图像 I_2 上的对应点 v,得到光流场;

⑥利用得到的光流场进行外推。

5.1.5.2　中尺度对流系统外推

针对对流云团垂直发展较为旺盛、云体较密实的特点,采用多通道及通道差指标识别中尺度对流云团。

在单通道红外亮温阈值法(BT10.8≤−32 ℃)的基础上,增加判识指标:

(1)BTD12.0～10.8(云体的透明度和云体的垂直发展)

(2)BTD6.25～10.8(云顶与对流层顶的距离)

(3)BTD6.25～7.10(云顶与对流层顶的距离)

5.1.5.3　检验评估

对 2018 年 7 月 18 日 22:00—23:30 对流云团进行外推并与实况对比可以看出(图5.15),对于发展成熟、移动平稳的对流云团,外推预测结果在 1 h 内较好,1 h 后云团边缘模糊,亮温损失较严重。

以 TBB≤−32 ℃为临界值,将预测结果与实况进行逐个格点的对比。计算 2018 年 7 月 18 日对流云团外推的相关系数、命中率(POD)、虚警率(FAR)和临界成功指数(CSI)(表 5.12)。90 min 内,外推预测结果与实况的相关系数、命中率可超过 80%,虚警率在 20% 以内,随预测时间延长预测效果变差。

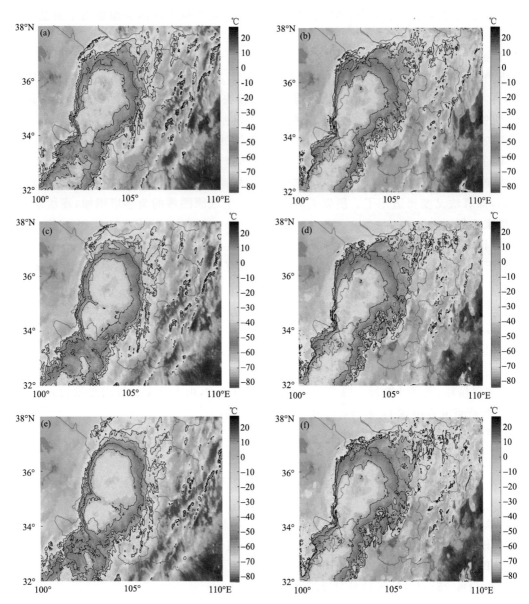

图 5.15　外推结果与实况对比分析(a,c,e 分别为 30 min、60 min、90 min 实况;
b,d,f 分别为 30 min、60 min、90 min 外推)

表 5.12　2018 年 7 月 18 日对流云团外推检验

外推时间(min)	10	20	30	40	50	60	70	80	90	100
POD	0.95	0.94	0.90	0.88	0.87	0.87	0.86	0.85	0.85	0.84
FAR	0.058	0.098	0.12	0.13	0.15	0.17	0.17	0.19	0.19	0.20
CSI	0.89	0.85	0.80	0.78	0.75	0.73	0.73	0.71	0.70	0.70
相关系数	0.98	0.96	0.93	0.91	0.87	0.86	0.84	0.83	0.81	0.79

5.1.6　改进的 Blending 融合降水技术

5.1.6.1　算法简介

加权平均法:预报值为雷达外推和数值模式预报结果的加权平均($R=aR_1+bR_2$,其中$a+b=1$,R_1、R_2分别为雷达外推预报降水和数值模式预报降水),权重系数a、b根据外推预报和模式预报精度与预报时间的统计关系确定。其中对于数值预报权重系数用双曲正切线表示:

$$b(t)=\alpha+[(\beta-\alpha)/2]\times\{1+\tanh[\gamma(t-3)]\} \qquad (1<t<6)$$

式中,α和β分别是$t=0$、6(表示当前时刻及未来 6 h)数值模式的权重,α和β的取值根据预报员的天气变化经验、雷达气候学、对流系统的强弱等确定,γ代表在融合时段中间部分$b(t)$的斜率,通过调节γ来确定权重曲线的变化快慢,γ和α根据降水的系统类型和降水过程快慢等确定。

对于局地的强对流系统,1 h 内临近预报的效果较好,因此,融合前 1 h 内数值预报权重保持α不变,临近预报随时间延长预报效果急剧下降,6 h 后已不具备参考价值,因此,第 6 h 数值预报权重β取 1。

5.1.6.2　融合试验

利用 2019 年 7 月 21 日 20 时雷达拼图数据外推预报降水与模式降水融合得到 0~6 h 降水预报结果如下:

第 1 h(20—21 时):实况出现暴雨 1 站,大雨 6 站,中雨 54 站,暴雨和大雨均出现在庆阳市。融合降水预报结果暴雨和大雨也在庆阳市,因此,融合降水预报对于较强降水效果很好,但小雨范围较实况略偏大,总体而言,预报效果较好(图 5.16)。

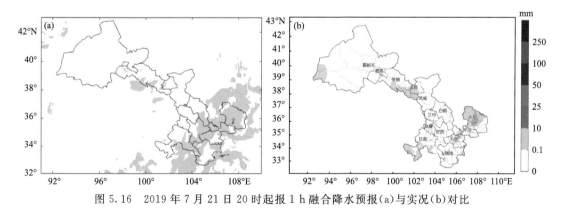

图 5.16　2019 年 7 月 21 日 20 时起报 1 h 融合降水预报(a)与实况(b)对比

第 2 h(21—22 时):实况出现暴雨 2 站,大雨 7 站,中雨 33 站,且暴雨和大雨均出现在庆阳市。融合降水预报出了大雨,但未能预报暴雨,总体而言,预报量级与实况是相符的(图 5.17)。

第 3 h(22—23 时):实况出现暴雨 4 站,大雨 8 站,中雨 47 站,暴雨出现在庆阳市合水县,大雨出现在陇南和庆阳两市。融合降水预报在庆阳市局地有大到暴雨,但未能预报陇南市局地大雨,降水量级较实况偏小(图 5.18)。

第 4 h(23—24 时):实况出现暴雨 3 站,大雨 3 站,中雨 43 站,暴雨和大雨出现在陇南和庆阳两市。融合降水预报主要为小雨,庆阳市局地中雨,未能预报暴雨和大雨,因此,该时次的预报量级效果一般(图 5.19)。

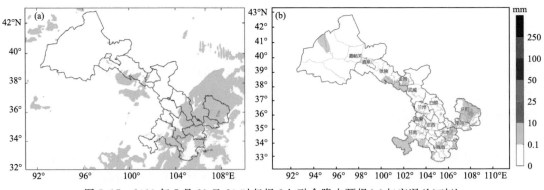

图 5.17   2019 年 7 月 21 日 20 时起报 2 h 融合降水预报(a)与实况(b)对比

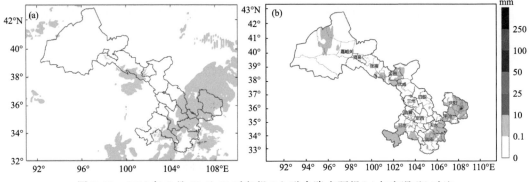

图 5.18   2019 年 7 月 21 日 20 时起报 3 h 融合降水预报(a)与实况(b)对比

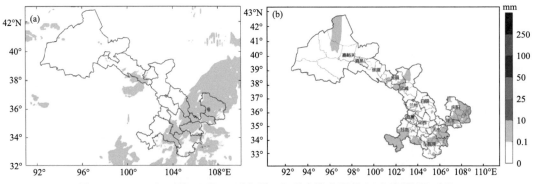

图 5.19   2019 年 7 月 21 日 20 时起报 4 h 融合降水预报(a)与实况(b)对比

第 5 h(次日 00—01 时):实况出现大雨 6 站,中雨 62 站,大雨出现在陇南、庆阳两市,中雨出现在甘南、陇南、天水、平凉、庆阳等州市局部地区。融合降水预报未能预报大雨,且中雨只出现在庆阳市。因此,该时次预报降水效果较差(图 5.20)。

第 6 h(次日 01—02 时):实况出现大雨 5 站,中雨 51 站,大雨出现在庆阳和陇南两市。融合降水未能预报大雨,且中雨出现范围也较实况偏小(图 5.21)。

利用光流法外推雷达回波估测降水与兰州 3 km 区域高分辨率模式降水融合结果对于 3 h 以内的降水预报具有很好的效果。

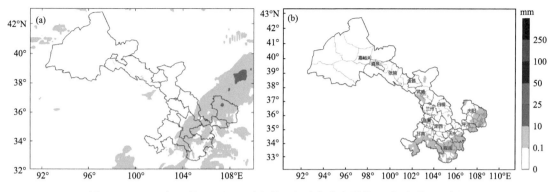

图 5.20 2019 年 7 月 21 日 20 时起报 5 h 融合降水预报(a)与实况(b)对比

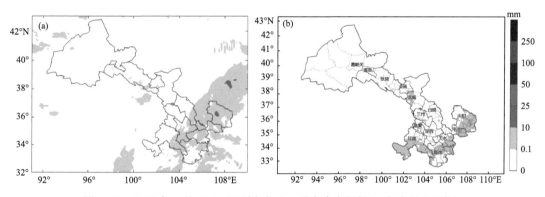

图 5.21 2019 年 7 月 21 日 20 时起报 6 h 融合降水预报(a)与实况(b)对比

5.2 基于配料法的 EC 集合强对流概率预报技术

5.2.1 基于配料法的 EC 集合强对流概率预报技术

利用 IDL 软件设计算法每日定时输出 20 种对流参数,包括 A 指数、对流有效位能(CAPE)、对流抑制(CIN)、水汽通量(FH)、水汽通量散度(IFVQ)、相对湿度(rh)、K 指数、抬升指数(LI)、大气可降水量(PW)、沙氏指数(SI)、温度平流(t_adv)、700 hPa 与 300 hPa 温差、700 hPa 与 500 hPa 温差、假相当位温(Thease)、700 hPa 和 500 hPa 间垂直风切变(Fqb)、涡度(VOR)、散度(D)、垂直速度(W)、0 ℃层高度、−20 ℃层高度等,输出产品格式为 MICAPS 第四类数据格式,产品范围:85°～115°E,25°～55°N;产品时效:0～84 h,间隔 3 h。产品类型包括:平均数、中位数、最大值、最小值、Mode(众数)、对照预报、25％分位数、75％分位数、离散度(spread)、10％分位数、90％分位数等可用于强对流预报的多种物理量参数。

根据历史个例分析对流参数分布特征,统计各指标阈值。统计时仅针对集合预报数据中的中位数产品,对流参数格点资料插值到站点采用双线性插值方法,参数阈值的选取则是将强对流天气发生时段各站点对应的对流参数排序后挑选中位数值作为参数阈值,从而得到可用于短时强降水和冰雹中尺度环境条件分析的对流参数阈值。

采用叠套法进行强对流天气客观预报,根据兰州中心气象台开展中尺度分析业务的情况及预报经验选取以下物理量指标作为短时强降水(表5.13)和冰雹(表5.14)有无的判据。由于强对流天气的发生需要水汽、不稳定及动力抬升等基本条件和垂直风切变这一增强条件,因此设计短时强降水判别方法为:当同时满足表5.13中水汽的两个条件、不稳定的其中一个条件及动力的其中一个条件时,判定为有短时强降水,否则无短时强降水。冰雹的判别方法为:首先按照CAPE分级,然后对每一级做水汽、不稳定、动力等条件的判别,最后再用0℃层高度进行排空,具体判据见表5.14。对集合预报中的51个成员分别进行判别,给出各格点短时强降水和冰雹发生的概率值(概率值(%)=判定有短时强降水的成员个数/51)。

表5.13 短时强降水预报判据

水汽条件	$PW \geqslant 32$	$IFVQ_{700} \leqslant -1$	$FH_{700} \geqslant 6.5$	满足两个
不稳定条件	$CAPE \geqslant 270$	$LI \leqslant -3.5$	$Thease_{700} \geqslant 79$	满足之一
动力条件	$D_{700} \leqslant -1$	$VOR_{700} \geqslant 2$	$W_{700} \leqslant -3.5$	满足之一

表5.14 冰雹预报判据

能量条件	水汽条件	不稳定条件	动力条件	垂直风切变
$CAPE \geqslant 500$	$rh_{700} \geqslant 62$ 或 $FH_{700} \geqslant 2.4$	$T_{700-300} \geqslant 42$	$VOR_{700} \geqslant 0.5$ 或 $W_{700} \leqslant -0.7$	$Fqb \geqslant 3$
$300 \leqslant CAPE < 500$	$rh_{700} \geqslant 62$ 或 $FH_{700} \geqslant 2.4$	$T_{700-300} \geqslant 44$ 或 $t\_adv_{700-500} \geqslant 0.5$	$VOR_{200} \geqslant 13$ 或 $D_{700} \leqslant -0.2$	$Fqb \geqslant 3.3$
$200 \leqslant CAPE < 300$	$rh_{700} \geqslant 62$ 或 $FH_{700} \geqslant 2.4$	$T_{700-300} \geqslant 45$ 或 $t\_adv_{700-500} \geqslant 0.5$	$VOR_{200} \geqslant 16$ 或 $D_{700} \leqslant -0.8$	$Fqb \geqslant 4$
0℃层高度在0~3150 m				

5.2.2 强对流过程预报效果检验

(1)2021年7月25日短时强降水过程

2021年7月25日13—22时,临夏、甘南、定西、陇南、天水、平凉、庆阳等州市共出现73站次短时强降水,最大小时雨强出现在25日17—18时(张家川铁洼67.5 mm/h)。图5.22a,b分别为24日20时起报的25日17时、20时短时强降水概率分布,图5.22(c,d)分别为24日08时起报的25日17时、20时短时强降水概率分布。对照短时强降水实况分布(图5.22e)可以看出,不论08时还是20时起报的短时强降水概率,模式的预报都是相对稳定的,且随着时效越近预报效果越好;对于临夏、天水两州市的短时强降水,模式有明显反映,分别对应两个概率预报的大值区,局地概率>60%。

(2)2021年7月14日短时强降水过程

2021年7月14日14时至15日05时,甘肃白银、定西、甘南、陇南、天水、平凉、庆阳等市州出现161站次短时强降水,最大小时雨强出现在15日06—07时(灵台独店53.2 mm/h)。从图5.23e、f可以看出,此次短时强降水主要分为两段,第一阶段短时强降水落区主要集中在陇南市东部、定西市中南部、天水市西南部,其中天水市处于短时强降水最密集区域,不管是

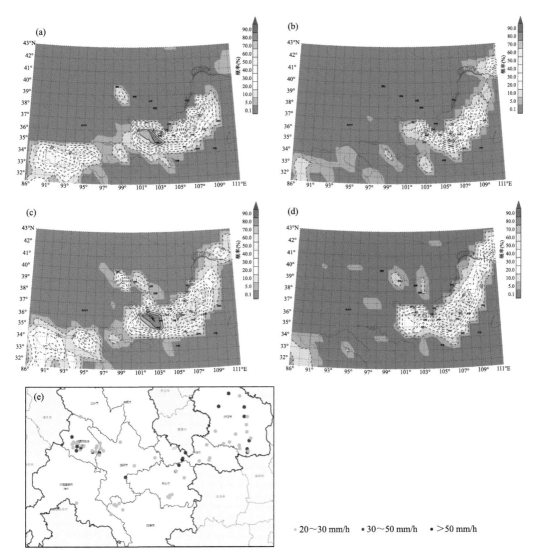

图 5.22　2021 年 7 月 24 日 20 时起报的 25 日 17 时(a)、20 时(b)短时强降水概率预报、24 日 08 时起报的 25 日 17 时(c)、20 时(d)短时强降水概率预报和 25 日 13—22 时短时强降水实况(e)

13 日 08 时起报的短时强降水概率预报还是 13 日 20 时起报的短时强降水概率预报,概率预报大值区域都在天水市和定西市之间,中心最大概率达到 70%,预报与实况基本吻合,对于预报有很好的指导意义(图 5.23a,c)。第二阶段,短时强降水主要集中在陇南市的西北部,平凉市有分散的降水点,13 日两个起报时次的短时强降水概率预报产品大值中心开始南移,由定西天水两市交界移动至陇南天水两市交界,其中 13 日 20 时起报的 15 日 02 时概率预报,大值中心准确地落在武都附近,与陇南市短时强降水落区基本一致(图 5.23b,d)。

(3)2021 年 5 月 2 日冰雹过程

2021 年 5 月 2 日 14—20 时甘肃天水、定西、陇南、平凉等市出现了冰雹天气,共有 11 县冰雹,冰雹最大直径 40 mm,为通渭县陇川和宕昌县好梯。1 日 08 时起报的 2 日 14 时冰雹落区位于天水、定西及陇南三市交界处,中心概率达到了 80%(图 5.24a),1 日 20 时起报的概率

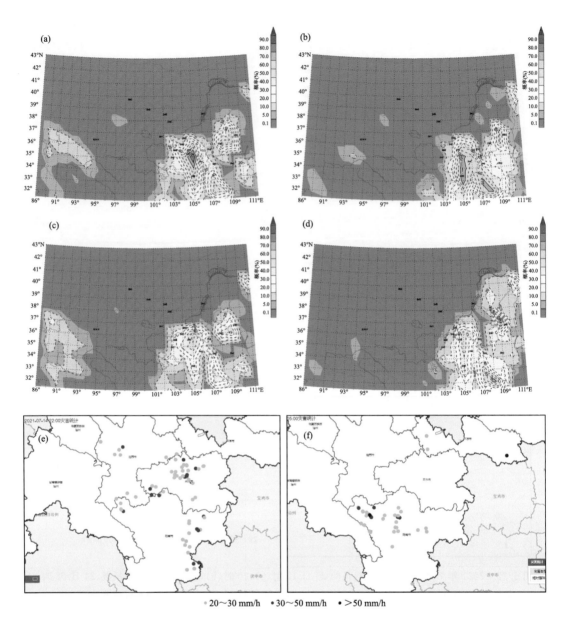

$20\sim30$ mm/h $30\sim50$ mm/h >50 mm/h

图 5.23 7 月 13 日 20 时起报的 14 日 20 时(a)和 15 日 02 时(b)短时强降水概率预报产品、
13 日 08 时起报的 14 日 20 时(c)和 15 日 02 时(d)短时强降水概率预报产品、
7 月 14 日 14—22 时(e)、14 日 22 时—15 日 05 时(f)短时强降水实况

大值中心略往南压,且中心值降为 70%左右(图 5.24b),与实况相比,冰雹概率预报的落区形态与冰雹落区对应较好。

(4)2021 年 7 月 7 日冰雹过程

2021 年 7 月 7 日 14—22 时,武威、兰州、白银、甘南、庆阳、平凉等市州 11 个县区出现冰雹,冰雹最大直径 25 mm,出现在崆峒区峡门乡。6 日 08 时起报的 7 日 14 时冰雹落区位于甘南州东部,中心概率达到了 80%(图 5.25a),6 日 20 时概率大值中心与 08 时起报的相差无几(图 5.25b),且概率中心同样在 80%左右,与实况相比,冰雹概率预报的落区与甘南州及兰州

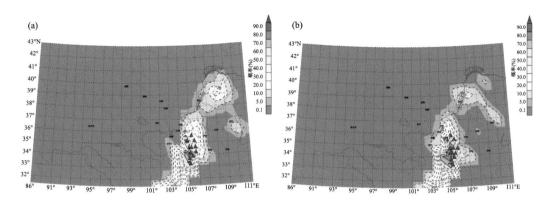

图 5.24　2021 年 5 月 1 日 08 时(a)和 20 时(b)起报 5 月 2 日 14 时冰雹概率预报及实况(实况:红色三角)

市南部冰雹落区对应较好,武威和平凉两市概率预报值较小,其次对于庆阳市镇原县的冰雹出现了漏报,整体而言两个起报时次对于这次冰雹落区的把握较好,虽有漏报,但对预报员的主观预报提供了强有力的客观支撑。

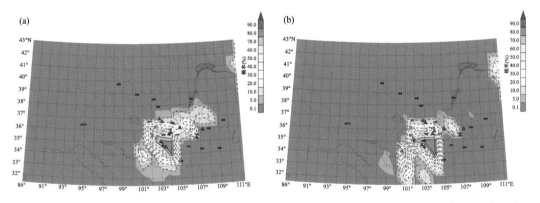

图 5.25　2021 年 7 月 6 日 08 时(a)和 20 时(b)起报的 7 日 14 时冰雹概率预报及实况(实况:红色三角)